味觉密码

香料的作用、使用与保存

[日]木岛正树 编著

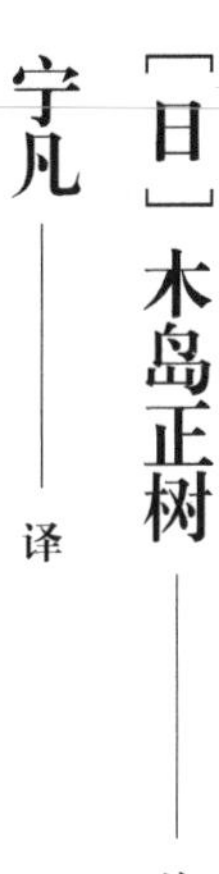
宁凡 译

人民邮电出版社
北京

图书在版编目（CIP）数据

味觉密码 ：香料的作用、使用与保存 / （日）木岛正树编著 ；宁凡译. -- 北京 ：人民邮电出版社，2020.10
ISBN 978-7-115-54526-8

Ⅰ. ①味… Ⅱ. ①木… ②宁… Ⅲ. ①香料－基本知识 Ⅳ. ①TQ65

中国版本图书馆CIP数据核字(2020)第134823号

内 容 提 要

恰当地利用香料，可以更好地引出食材的美味，因此香料被人们广泛地应用在饮食制作中。近些年，对香料感兴趣的人开始增多了。可是，还是有很多人不知道香料该如何使用，甚至还有很多人不怎么敢用香料。其实只要稍微了解一点香料的基本使用方法，掌握不同香料大致的特征，就能够自如地将不同的香料与各种食材搭配起来了。本书旨在将香料使用的窍门总结出来，送上您的餐桌。当理解了香料原本的用途后，制作菜肴也会变得令人快乐起来。

本书是专门针对香料的知识大全，书中首先对香料的发展、如何挑选、加入时机、保存方法、搭配技巧等方面作了介绍。继而针对 81 种基础香料以及常见香料进行了分类讲解。最后，书中还加入了 58 种各具特色的使用单一香料及混合香料的菜肴烹饪方法，同时还讲解了 4 款可以加入香料的特色甜点以及多种新鲜香草的介绍。

香料的使用方法并无“正确”和“错误”之分。本书也不会像菜谱一样机械地列出要用的香料，而是通过简单的应用让读者掌握香料的使用要点。不论是制作正餐，还是做点小菜，让使用香料的过程变得更加得心应手才是本书的初衷。

本书适合专业厨师、美食爱好者、香料种植者以及对香料感兴趣的读者阅读参考。

◆ 编　　著 ［日］木岛正树
译　　　宁　凡
责任编辑 杨　婧
责任印制 周昇亮
◆ 人民邮电出版社出版发行　北京市丰台区成寿寺路 11 号
邮编 100164　电子邮件 315@ptpress.com.cn
网址 https://www.ptpress.com.cn
廊坊市印艺阁数字科技有限公司印刷
◆ 开本：787×1092 1/16
印张：11.75　2020 年 10 月第 1 版
字数：303 千字　2025 年 1 月河北第 11 次印刷
著作权合同登记号 图字：01-2017-4682 号

定价：69.00 元

读者服务热线：(010)81055296 印装质量热线：(010)81055316
反盗版热线：(010)81055315
广告经营许可证：京东市监广登字 20170147 号

目录

2.4

2.5

第3章

3.1

3.2

3.3

3.4

3.5

在欧洲，香料随处可见

在法国南部城市尼斯的老商业街里，有一个只在上午才会营业的露天市场。这个位于海边的街市，除了售卖一些新鲜的海产品外，还会售卖蔬菜、水果、面包、奶酪、橄榄、鲜花等各式各样的商品，甚至连非洲的磨牙木都有销售。这当中自然也有出售香料的店铺，而且种类多到惊人。尽管这个露天市场的规模不大，但香料的露天店铺就有五六家。“没有香料的生活简直无法想象。”当地人如是说。

盛放在五颜六色的容器中的香料，看着就让人心情愉悦。店铺里还有整串的鲜辣椒卖，每家店铺都有不同的辣椒展示方式，有的会把辣椒编成环状，有的则将辣椒像花束一样展示出来。欧洲很多家庭都会购买新鲜的辣椒、大蒜，然后挂在厨房里，待其干燥后用来制作菜肴。

尼斯的露天市场中种类丰富的香料

弥漫着香料味道的法国老字号百货店

巴黎老佛爷百货是一家已开办120多年的老字号百货店，其香料柜台就设置在店内最显眼的位置。柜台中即使是小瓶装的香料，对于日本人来说也是多到用不完的。在制作各种菜肴都离不开香料的欧洲，日常的香料的销售量都是100克起，上方图片中展示的香料可以散装销售，也可批发销售。如果从日本人的视角看，就相当于个人购买业务装（译者注：在日本通常指大包装的食材，分量远超家庭装）的商品。

与日本相比，欧洲的气候比较干燥，即使是容易受潮的粉末类香料，也能放在非密封的容器内销售。而在湿度较高的日本，这样的贩卖方式很难实现。

除了露天市场、百货店、超市，也有专门销售香料和加工食品的店铺（上图中的左下角照片）。以红茶闻名的馥颂（FAUCHON）也是知名的香料食品店。

从法国开始
最新的欧洲香料行情

通过对香料专营店Le Comptoir Colonial的总经理达尔塞的现场采访得知，近年来法国市场的香料销量出现了飞跃式的增长。

香料在欧洲，尤其是在法国被广泛使用，其销量大幅上涨的原因有以下5个。

第一个原因是香料可以非常方便地在菜肴中添加颜色和香味，而法国人对于菜肴的颜色和味道又很敏感，所以香料的销量增加了。

第二个原因是香料非人造产品，属于天然材料，不含人造甜味剂或其他化学调味料，其天然绿色的属性让消费者能够安心食用。香料健康食品的属性也是其销量增长的原因之一。法国人十分喜爱天然、健康的食材，认为这样的食材对身体十分有益。但一直以来，市面上真正天然的产品却销量不佳。也就是说，即使大家都喜欢天然的产品，但天然食材的销量并没有提高，这种局面可能是消费者感觉市面上不可能有真正天然的产品造成的。

不过，人们的饮食习惯使他们还是会追求天然绿色的食品，所以香料的整体销量在近年有所提高。

香料能让家常菜的美味程度提升一个档次

第三个原因是，现代的人们，特别是年轻人逐渐都不在家中做饭了。在法国，这种现象尤为明显，这使得会做饭的人越来越少。在日本也是如此，我父母那一代人，由于母亲是家庭主妇，所以自然做得一手好菜。但是如今日本女性越来越多地走入社会，自己在家做饭的人也就越来越少，慢慢地不会做饭的人也就越来越多了，很多人在家只会做一些非常简单的家常菜。但如果在这些家常菜里加入香料，就能让美味程度提升一个档次，这也是香料销量上涨的原因之一。不过在日本，通常人们使用的都是市面上销售的“拌一下就能吃的香料”。而法国人则更多是用各种不同的香料来提升味道。

第四个原因是互联网的普及，让人们更容易了解香料的使用方法。而且在法国，由于香料是一种热门商品，就连小吃、甜点的制作都会用上香料，所以各种各样的杂志都会介绍香料的用法。

第五个原因是香料很容易获得。例如大约在20年前，虽说去“赫迪亚”（HEDIARD）（食材店）就能买到各式各样的香料，但实际上也就只有数十个品种可以选择。如今，这家店已能为顾客提供120~150种香料。很多超市销售的香料也从以前的只有大约20种，增加到

如今的60多种。也就是说，如今法国随处都能买到各种香料了。

市面上专门销售香料的店铺增多，随之而来的就是香料的销量的飞跃式增长。此外，可以作为礼品的瓶装香料套装也深受消费者的青睐。花上20欧元（大约155元人民币），就能买到一个赏心悦目的香料套装。以前人们要是打算买个20欧元上下的礼物，一般选一束鲜花即可，如今用同样的钱购买香料套装逐渐成为潮流。

克里斯托弗·达尔塞（Christopher Darcet）

1971年创建了香料专营公司Le Comptoir Colonial。达尔塞先生利用这家位于巴黎18区卢皮克大街的杂货店，将世界上的各种香料推广给法国大众。这家店铺因其销售的香料在巴黎是最新最多的而广受关注。如今达尔塞先生更是周游世界，将找到的总计超过450种的香料和稀有食材推广到了法国市场上。

香料的历史和产地

●西班牙
- 辣椒粉
- 干番茄片

●匈牙利
- 芫荽
- 香芹
- 藏红花

●克罗地亚
- 杜松子

●保加利亚
- 胡椒薄荷

●土耳其
- 牛至
- 孜然
- 鼠尾草
- 罂粟籽
- 石蒜
- 月桂
- 盐肤木

●伊朗
- 龙蒿

●中国
- 蒜粉
- 红辣椒
- 姜粉
- 莳萝
- 柠檬草粉
- 五香粉
- 花椒
- 红辣椒粉
- 茉莉

●法国
- 普罗旺斯香草
- 四合香料（肉桂、丁香、肉豆蔻、胡椒）
- 干西芹
- 德斯佩雷特灯笼椒
- 辣根粉
- 迷迭香
- 莳萝籽
- 柠檬草粉
- 薰衣草
- 细香葱
- 拉瑟怒哈特（复合香料）

●阿尔巴尼亚
- 香薄荷
- 神香草

●巴基斯坦
- 黑孜然
- 玫瑰花瓣

●印度
- 火葱
- 姜黄粉
- 肉豆蔻粉
- 加拉姆玛萨拉
- 咖喱玛萨拉
- 科伦坡复合香料
- 咖喱鸡玛萨拉
- 玛萨拉茶
- 绿胡椒
- 印度黑胡椒
- 马拉巴黑胡椒
- 印度白胡椒
- 红辣椒
- 特里切里黑胡椒
- 黑胡椒粉
- 马拉巴白胡椒

●埃及
- 香旱芹
- 茴芹
- 葛缕子
- 罗勒
- 茴香
- 墨角兰
- 孜然

●泰国
- 南奔黑胡椒

●越南
- 八角粉

●柬埔寨
- 柬埔寨黑胡椒
- 干熟黑胡椒
- 贡布黑胡椒

●喀麦隆
- 班乍白胡椒

●加纳
- 塞利姆黑胡椒

●科特迪瓦
- 非洲豆蔻

●马达加斯加
- 丁香
- 香荚兰
- 马达加斯加黑胡椒
- 野生黑胡椒

●印度尼西亚
- 锡兰肉桂（桂皮）
- 肉豆蔻
- 沙捞越黑胡椒
- 文岛白胡椒
- 柠檬胡椒
- 荜茇
- 荜澄茄黑胡椒
- 苏门答腊黑胡椒
- 白胡椒粉

●南非
- 桂叶黄梅

遍布世界的香料产地

很多在日本销售的原产地为中国、印度的香料，如今也销往全世界。
由此香料文化在原产地和消费地同时流行开来。

以胡椒为首的各类香料，其原产地大都分布在热带地区。虽然香料的产地分布不算广泛，但从古至今香料的消费中心主要还是欧洲地区。大航海时代以后，香料通过欧洲的航海家们扩散到世界各地。随后在全球化的过程中，很多野生品种被人工栽培，香料的用途也开始发生变化。如今，全球的物流网络高度发达，很多产地遥远的香料也很容易地就能用低廉的价格买到，这让各种各样的香料走入了人们的生活。交通物流发达的今天，被称为“第

●韩国
韩式辣椒

●加拿大
白芥末
棕芥末

●日本
哈瓦那辣椒
三鹰辣椒
墨西哥哈拉巴辣椒
黄金辣椒
七味辣椒粉

●危地马拉
青豆蔻

●密克罗尼西亚联邦
波纳佩黑胡椒

●牙买加
多香果

●哥伦比亚
复合辣椒粉

●巴西
熏草豆
粉红胡椒

●澳大利亚
香豆子
塔斯马尼亚黑胡椒

●阿根廷
牛肝菌粉

※L'épice et Épice所销售的香料来自以上产地。

二次大航海时代”也不为过。除了发达的物流网络让货运成本大幅下降外，去国外旅游的人也在增多，这也使人们接触异国美食文化的机会增多。现在，世界各个地区的人们都能用上各种香料，香料的使用方法得以创新。上图罗列了如今在日本可以买到的世界各地生产的香料。请感受每一种香料背后的壮丽世界吧。

香料的历史与产地

持续5000年的香料历史

香料能像今天这样遍布世界各地，其背后都有着什么样的故事呢？
让我们一起来探究一下香料的历史吧。

香料的历史就是世界各国的发展史！

在距今5000年前的埃及第一王朝兴盛时期，为了将王侯贵族的遗体制作成木乃伊，那时的人们就已经开始将原产于埃及的孜然以及从亚洲获得的丁香、锡兰肉桂（桂皮）用于遗体的防腐处理。相传，在以香料发源地著称的印度，那里的人们早在公元前2600年，即印度文明出现以前，就开始使用各式各样的香料了。另外，在公元前2500年前后的中国，人们会把混合了香料的米饭作为贡品供奉给神灵。纵观历史，人类与香料之间有着相当久远的历史渊源。

那么在数千年以前，古希腊、古罗马的人们是如何从遥远的印度、东南亚、非洲等地获得香料的呢？其实只要通过陆路运输，人们就能把数千公里外的货物运到欧洲。当时运输香料的商队，将运输路线称为“香料之路”，而作为中转地的阿拉伯地区借此得以繁荣发展。后来进行香料贸易的主要群体从古希腊人变为腓尼基人（自称“迦南人”），运输路线也从单纯的陆路变为陆路和海路并行。

随着海上交通线的发展，人类在15世纪进入了大航海时代。1492年，意大利航海家哥伦布到达美洲，他将这一大陆上特有的植物——辣椒带回了欧洲。葡萄牙航海家达·伽马在1498年成功到达印度马拉巴尔海岸，获得了胡椒、锡兰肉桂（桂皮）。到了1522年，西班牙的麦哲伦船队到达菲律宾的马鲁克群岛。从这个时候开始，曾经只有贵族、中产阶级才消费得起的香料，慢慢走入了寻常百姓的家中。与此同时，欧洲各国围绕香料展开了激烈的争夺，葡萄牙、西班牙、英国、荷兰这4个国家在东南亚地区进行了激烈的香料争夺战，后来人们将这场以争夺殖民地控制权的战争称为“香料战争”。

后来法国从殖民地引进了香料并在本土进行人工栽培，其他欧洲国家也随之效仿，最终香料战争结束，香料也传至世界各国。

第1章
香料的基础知识

从烹饪时的添加方法、保存方法、分类方法等内容开始，到品味香料生活及更多关于香料的知识都在本章得以呈现。

让我们一起来了解能够给生活增添乐趣的香料的基础知识吧。

Knowledge of Spice

进一步了解香料与香草

深入了解关于香料的知识后，通常人们都会产生一个疑问，那就是香料和香草具体有什么区别呢?

香料与香草的不同之处是什么?

香料与香草的不同之处在哪里呢？其实两者之间的界限相当模糊。为了更好地区分香料与香草，先来看看它们之间的共同点。

首先想到的共同点是两者都具有“香”这个特性。的确，很多资料都表示它们是芳香性植物。不过虽说有香气的植物等于“香草”，但也有车前草这种没有香气的香草。如果以“芳香性植物”来界定，香料中的马尔代夫鱼却不是用植物制作的。同时，两者都具有药用成分，只不过香料的药用效果并没有被明确识别出来。

回到问题本身，香料与香草的不同之处在哪里呢？通过前面对两者共同点的阐述，现在来总结一下它们各自的特征吧。

◦ 香料的特征

有香味，可以食用。

◦ 香草的特征

植物类、有药用效果。

接下来我们来看看香料与香草的定义。

◦ 香料的定义

能够添加到食物、饮料中，有辛辣味和香味，同时带有颜色的可食用调味料。

◦ 香草的定义

有药用效果的植物制品。

看到这里，大家有什么想法呢？从香料和香草的特征与定义来看，它们并不是完全一致的。但如果单纯说香料能吃，香草是药用植物，好像也不准确。虽然香料的用途被限定在了“可食用、调味料”的范畴内，但香草却不是只能“药用”。以香草茶为例，类似这种属于食品类的香草也有很多种，另外还有香干花和园艺用的香草品种。

到现在为止，香料和香草之间的差别已经说清楚了。不过这里还要补充一点关于香草的定义，虽然香草一词中只有草这种植物，但实际上香草类制品也包含树木材料。

香料、香草的分类

01 按照状态分类

○干燥

干燥处理后的制品利于保存，圆粒状、粉末状都是十分便于使用的形态。

圆粒状		保持香料或香草原有的形态并进行干燥处理。这种状态的制品不易丧失香气，便于长期保存。在研磨器中磨碎后能散发出强烈的香气。如果用在长时间加热的菜肴中，可以直接加入无须磨碎
粗颗粒状		将圆粒材料打碎成粗颗粒状。这种状态的制品比较容易释放出香气，可在对食材进行提前入味处理或烹饪的过程中使用
粉末状		将圆粒材料打成粉末状。这种状态的制品香气散发较快，但香气的强度不如粗颗粒状制品，一般用于已经制作完成的菜肴，食客可以按照自己的喜好进行添加。粉末状香料也可用于增加菜肴的美观程度或提升口感
混合状		将多种香料混合以后的形态。不同香料可以散发各自的香气，这种状态的制品主要用于弱化食材中不好的味道

○新鲜

不进行干燥处理，保持新鲜状态的材料，主要分为3类，分别是强调香辛味的材料（如山葵、大蒜、葱等）、为菜肴增色提香用的材料（如紫苏叶、花椒芽、香菜等），以及作为沙拉食材使用的材料（如芝麻菜、罗勒等）。

02 根据生物属性分类

关于属性分类，如果用人类来举例就是“灵长目、人科、人属”，这种属性分类法便于系统性地识别各种不同生物的特性。一般来说只要弄清楚生物的科（属），就能大致了解其特征。很多香料、香草类生物代表的科和其所属，都有不少共同的特征。所以科的存在能够让不同种类的香料的特征具象化，从而拓宽了人们掌握香料特征的途径。

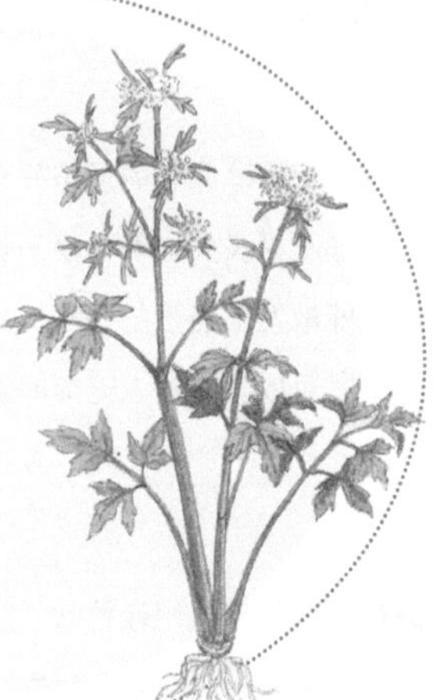

伞形科

芹菜、茴香、香芹、孜然等。每种香料都有其独特而强烈的香气。

十字花科

芥末、辣根、山葵等。此类品种多数都带有刺激性的辛辣味。

姜科

小豆蔻、姜等。此品种多数带有强烈的香气，但也有姜黄这样带土腥味的品种。

唇形科

迷迭香、牛至、百里香、胡椒薄荷等。此品种主要取花叶部分使用，带有清凉感。

芸香科

柚子、花椒、咖喱叶等。此品种大都具有清爽的香气。

胡椒科

白胡椒、黑胡椒等，主要使用其果实，具有清爽的香气和强烈的辛辣味。

03 根据可使用的部位分类

香料和香草主要使用其叶子和果实部分，种类不同，可利用的部位也各有不同。有些品种一眼就能看出哪里可以用，有些则不太容易想象出什么部位可用，还有的品种会有多个部位可使用。

叶子	果实、果皮	种子
牛至、芫荽（香菜）、月桂、咖喱叶等	多香果、胡椒、芫荽（香菜）、橘皮、青豆蔻等	可可豆、孜然、芫荽、茴芹等（孜然、芫荽、茴芹使用的是其植物学意义上的果实）

根、根茎、鳞茎	花	树皮
甘草、火葱、姜黄、大蒜等	牛至、丁香、荔枝草、藏红花、玫瑰花瓣、迷迭香等	肉桂等

从香料的基础学起
了解香料的3种作用

说起香料，人们会习惯性地认为它就是给菜肴增加辛辣味或强调某种味道的调味品，但香料的作用可不止如此。有这种刻板印象的原因可能是，在日本，胡椒和辣椒是使用最为广泛的香料。实际上香料不仅能增加辛辣味，还可以提香（消除腥臭味）、上色。尤其是提香，几乎所有的香料都有这样的作用，可以说这是香料的第一大特征。对香料的理解从“增加辛辣味”转化到“提香”这一层次上，就是成为香料高手的第一步。

香料的作用 01
提香

香料最主要的作用是利用其特有的香味让菜肴具有独特的风味，从而引发人们的食欲，同时还能消除禽畜或海鲜的腥臭味。香料的香味来自一种被称为精油（Essential oil）的挥发性成分，植物的组织、细胞中都含有精油成分。当外力破坏植物细胞后，浓烈的芳香就会散发出来（见p.22）。而使用香料调味，就是利用了这种原理。

Flavor

Cinnamon
肉桂

Rosemary
迷迭香

Peppermint
胡椒薄荷

Horseradish
辣根

Cayenne chili
卡宴辣椒

Mustard
芥末

香料的作用 02
添加辛辣味

具有辛辣味的香料可以丰富菜肴的味道，还具有增进食欲的作用。大多数情况下，少量辛辣味的香料即可发挥出十分强烈的效果；但如果没控制好用量，就可能破坏菜肴的味道。在使用的时候，一点一点地添加比较保险。说起辛辣味，既有辣椒、胡椒这种味道上辛辣的品种，也有山葵或芥末这样让鼻子感受到辣味的品种。让人感受到辛辣的香料的种类和效果各式各样。

香料的作用 03
上色

红色、黄色、绿色等颜色的香料，可以让菜肴的色彩变得鲜艳丰富。藏红花、姜黄、红彩椒粉、栀子粉等都是这类香料的代表，使用后可以为菜肴增加诱人的视觉效果。香料的色素分为水溶性和油溶性，在使用时需要注意。另外在使用方式上，可以是撒在菜肴上面为其增色，而不是给食材本身染色。

Saffron
藏红花

Turmeric
姜黄

Paprika
红椒粉

了解引出香料香味的窍门

香料的挥发性香味成分是包含在植物的组织细胞内的。在实际使用的时候，可以按照如下方法引出香料的香味，从而充分利用香料的香味。

◦ 用手指碾碎

对于青花椒、干香叶等结构比较脆弱的香料，可以通过用手指碾压的方式将其碾碎，从而提高其香味的释放程度。碾碎后的香料可以直接撒在做好的菜肴上，或者在为菜肴提香的时候使用。

◦ 用瓶底压碎

类似胡椒这种大小、硬度较高的香料，可以使用玻璃瓶底碾压的方式将其压碎，压碎后的香料更容易释放香味。尺寸小且瓶底较厚的瓶子使用起来会比较方便。

◦ 撕碎后使用

对于月桂叶、迷迭香等植物叶片类的香料，用手撕成小片或用刀切碎，能更好地释放其香味。可以将这类香料添加于炖煮类菜肴中，或者直接撒在做好的菜肴上，用法非常丰富。

◦ 拍打后使用

薄荷叶、花椒芽等新鲜的小嫩叶类香料在使用前用手拍打几下，就能提高其香味的释放程度。除了用于点缀装盘后的菜肴外，这类香料还可以利用自身的味道改变菜肴的口味。另外，在使用柠檬草时，先用刀背敲打草茎五六次，使其纤维断裂，可以让香味更好地释放出来。

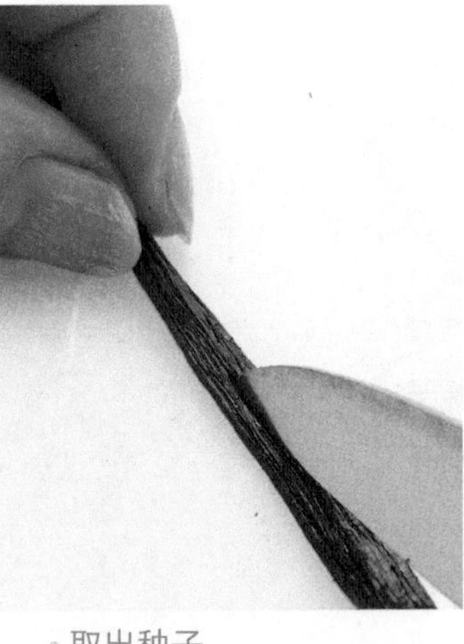

◦ 取出种子

对于香荚兰、豆蔻这类香味包含在种子中的品种，需要从其外皮中将种子取出后使用。香荚兰可以用刮削的方式取出种子（参考上图），豆蔻可以直接用手将外皮剥开，处理方法灵活多样。

了解添加香料的最佳时机，可以让菜肴更加美味！

时机1

预先处理时使用

◦ 目的

去除食材的腥臭味
提香
腌制

◦ 使用方法

涂抹或撒在食材表面，与食材一起腌制，也可在焯水时使用。

◦ 推荐使用的香料和香草的状态

便于涂抹的粉状材料。在用液体调味料腌制食材时，推荐使用未碾碎的香料。

时机2

在烹饪过程中使用

◦ 目的

提香
增辣
着色

◦ 使用方法

炖煮或炒制的时候加入香料，或在烤制食材时加入。

◦ 推荐使用的香料和香草的状态

未碾碎的香料加热后更容易释放出香味。香草则推荐新鲜的材料，在新鲜的状态下，香草的味道更浓烈。

时机3

在做好菜肴后使用

◦ 目的

提香
增辣
装饰

◦ 使用方法

在烹饪的最后阶段添加香料，或者待菜肴装盘以后直接撒在菜肴上面。

◦ 推荐使用的香料和香草的状态

易于释放香味或辣味的粉末状香料。味道温和的新鲜香草类。

专栏

使用香料和香草时，加入多少比较合适

如果将香料或香草过多地加入菜肴中，可能会破坏菜肴的味道，所以一般用量都很少。可以先加入一点尝一下味道，如果不够再加入少量，如此反复直至获得满意的味道。如果是新鲜的香草，用量应达到干香草的3倍左右。

不过对于一些干燥后体积变化不大的香料，如百里香、迷迭香，不论干、鲜，用量都差不多。

能够让香料的使用更加得心应手的工具

磨碎的香料散发出的香气让每一天都丰富多彩。

但是想要体验开心地使用香料的生活，工具的选择十分重要。

因为是每天都要用的工具，所以一定要选择一个适合自己的。

◦研磨器

不同形状的研磨器的用途也各有不同。在带有刀刃的研磨器中，相比于不锈钢刀刃的研磨器，陶瓷刀刃的研磨器更容易买到，而且后者即使用来研磨岩盐也不会卷刃。由于岩盐比香料更坚硬，因此不推荐选用没有加工岩盐功能的研磨器。在研磨叶片或新鲜的香料，或者类似多香果这种含油量比较大的香料时，推荐使用捣蒜器进行加工，不然这些香料会堵塞研磨器。

单手研磨器

适合单手使用，用于预先腌制食材或在菜肴上桌后撒上香料粉末。挑选这种研磨器时，要根据大小、重量、形状，选择适合自己的型号。如果是电动研磨器，还要考虑开关的位置用起来是否顺手。与手动研磨器一样，这种研磨器基本都是用来研磨胡椒粒的，比胡椒颗粒大的香料则无法用这种研磨器进行加工。

手动研磨器

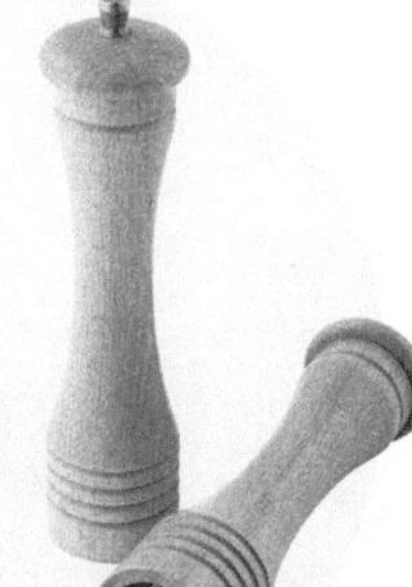

由于这种研磨器需要两手一起拧动着用，所以相比于用在烹饪过程中，更适合在品尝菜肴的过程中使用。这个类型的研磨器几乎都是用于研磨胡椒的，比胡椒颗粒大的香料一般难以用其来进行研磨，选购时需要注意。

捣蒜器

捣蒜器使用起来比较费时，但不论大小和形状，几乎所有香料都可以使用捣蒜器来加工。即使加入干香叶制作一些复合香料也是可以的。选购的时候尽量选择材料坚固、碗形浅平的类型，用起来会比较顺手。

◦储藏容器

最好的储藏方法是将干燥剂装入不会氧化的铝箔袋中，然后将干燥剂和香料一起装入真空袋中保存。但这种方法虽然可以让香料得到长期保存，却很不便于使用。所以这时候就要用到储藏容器了。最好选择能够避光、防湿、密封的容器。推荐将干燥剂和香料一起放入带密封盖的罐子中保存。如果使用的是瓶子，那么跟罐子的用法一样，放入香料和干燥剂，将瓶子放置在常温避光的位置。如果将装有香料的容器放在窗边，即使是方便使用的位置，也会由于日晒而破坏香料的品质。

香料的储存方法

购买香料以后，一般短时间内是用不完的。

所以掌握其储存方法就显得十分重要，要仔细学习相关方法。

下面就为大家介绍让香料始终保持新鲜的正确储存方法。

香料最怕的是湿气和光照。可以将日常生活中需要使用的香料分成小份，与干燥剂一起装在不透光且能够密封的容器（比如带盖子的金属罐等）中储存。有的读者可能认为，比起放在常温环境中，将香料放入冰箱保存应该能储存更久。但这个想法是完全错误的。尤其是夏天，当我们把装有香料的容器从冰箱里取出开盖后，容器里的低温会立刻让水汽凝结，这些水分会被香料吸收，从而破坏其品质。香草必须冷藏储存，其他种类的香料应该尽量避免放在冰箱里。另外在烹饪过程中，也有需要注意的地方。比如应尽量避免让烹饪时产生的蒸汽接触香料，将所需用量的香料提前用勺子或直接用手取出，然后再添加到菜肴中，这样做才能轻松地长期储存香料。在大量购买香料时，可以使用密封袋将香料分成小份，排出空气后再密封冷藏，达到长期储存的目的（如上图，将黑胡椒颗粒分成一袋袋研磨器能够容纳的分量进行储存）。如果放置在常温环境中，即使是没有打开的包装，也不能做到完全密封，可能会生虫或发霉。

只要了解这些方法，就能熟练使用香料!

香料与不同食材的搭配窍门

颗粒小的同时具有清爽的香气，或是带有浓郁的香气、刺激的辛辣味及鲜艳的色彩等，香料有很多植物属性。“那么香料该如何用在料理中呢？”出现这种疑问时，可以把目光集中在与其属性相同的材料上。

选用与蔬菜“属性”相同的香料

说起香料与蔬菜之间的相同之处，那就是它们都是植物。由于同属植物，它们与菜肴的搭配方式有相似的特征。下表列举的是相同属性的香料与蔬菜。

【同科的香料和蔬菜】

科	香料	蔬菜
伞形科	香旱芹、茴芹、葛缕子、孜然、芫荽、西芹、莳萝、香芹、茴香等	胡萝卜、西芹、香芹、明日叶等
茄科	卡宴辣椒、红彩椒粉等	茄子、番茄、青椒、马铃薯等
十字花科	辣根、芥末等	紫甘蓝、花椰菜、卷心菜、白菜、芜菁、油菜、壬生菜、芥菜等

伞形科植物的特征

其种子可以作为香料使用，伞形科的蔬菜多具有清爽或浓郁的香气。

茄科植物的特征

这类香料和蔬菜多有着鲜明的色彩，烹饪后在油脂的作用下能呈现鲜亮的色泽。

十字花科植物的特征

这类香料很多都具有刺激性的香气，蔬菜则带有苦味或甜味，与油脂（肉类）十分搭配。

【这些香料非常适合与蔬菜搭配！】

关于如何选择香料与蔬菜进行搭配的问题，我们日常的饮食习惯已经给出了答案。即使属性相同的香料和蔬菜，也各有特征。将不同特征的材料混合在一起，不仅能使菜肴更加美观，也能让口味更加丰富。

◦ 咖喱

卡宴辣椒与番茄、马铃薯、茄子等蔬菜。

（例）科伦坡咖喱茄子，见p.158。

◦ 浓汤炖菜

多香果与马铃薯、茄子等蔬菜。

（例）匈牙利风味浓汤炖菜，见p.148。

◦ 炒菜

芥末（芥末粉）与马铃薯、花椰菜等蔬菜。

（例）芥末马铃薯炒花椰菜，见p.147。

孜然（孜然粉）与胡萝卜等蔬菜。

（例）香炒孜然胡萝卜，见p.128。

“啊，那种香料用完了……”的时候

可替代使用的香料和香草

生活中，想要备齐各种香料也不是件容易的事情。

但是只要了解了香料的特征，缺少某种香料的时候，就能快速找到替代品。掌握了用法以后，再逐渐增加香料的备货种类即可。这样在加工不同食材的时候，就能即兴搭配出一些不同的组合了。

香味成分中可以替代的部分

对于香料和香草来说，香味是它们最重要的属性。

只要加入一点，就能为菜肴提香入味了。

而且不同的香料之间也是可以灵活替换的。

八角 - 茴芹 - 小茴香

这3种香料都具有独特鲜明的香味，共同点是都有强烈的甘香味的茴香烯成分。

这类香料可以用来制作西式泡菜，磨成粉状能够用于给点心调味。

丁香 - 肉桂 - 多香果

这类香料中含有甜味香浓的“丁子香酚”成分。这种成分能够防止油脂氧化，可以用在炖煮类的菜肴中。

罗勒 - 牛至 - 墨角兰

这类香叶中含有清凉甜香的香芹酚成分，适合搭配酸味的番茄类菜肴使用。推荐初学者用罗勒叶调味，对烹饪的理解程度提高之后，可以使用带有些微甜味的墨角兰，这种香料适用的菜式非常广泛。

想要为菜肴上色的时候

藏红花 - 姜黄

西班牙海鲜饭能够有鲜艳的黄色就是藏红花的功劳，在香料里，藏红花可以算是最高档的一种了。

如果只想让菜肴带有少量黄色，可以用姜黄来代替藏红花。

另外，姜黄是姜科植物，日式甜点栗金饨就是用姜黄上色的，有时也会用栀子花籽来替代姜黄。

甜椒粉 - 番茄粉

甜椒粉可以添加到马铃薯沙拉里，或撒在煎制的肉类菜肴上。甜椒是茄科植物的一种，它的鲜艳红色粉末制品可以让菜肴拥有华丽的色彩。

如果手中没有甜椒粉，可以用番茄粉来替代，做出的菜肴也别具风味。

信手拈来的香料创意搭配

大家的厨房里是不是都有一些没用完却长期剩下的香料呢?

这个时候就要转换一下思路，把这些香料用在各种不同的菜肴中，或者用它替代某种食材。

香料和香草除了能为菜肴提香增色外，客观上还减少了食盐的使用量。

◦ 柑橘类水果提供的清爽香气

不少西餐和日料都将柑橘类水果作为香料使用。

当柑橘类香味转移到汤汁中以后，菜肴会更具风味。

香料：柠檬草、橙皮。

推荐搭配的菜肴：汤类、调味汁、腌制类菜肴。

◦ 转换为稍有刺激性的味道

香料：大蒜、姜、百里香、芫荽、孜然。

推荐搭配的菜肴：腌菜用酱汁、汤类、炒菜类菜肴。

◦ 日式料理的辛辣味与西餐的辛辣味的互换

同是辛辣味，不同的香料也会使菜肴具有不同的风味。

香料：芥末、灯笼椒、胡椒、咖喱粉、辣根。

推荐搭配的料理：芥末味凉拌菜、炒菜、汤类菜肴。

第2章
香料图鉴

本章将从孜然、辣椒等生活中常见的香料开始介绍，再到平时很难见到的各种稀有香料。

只要掌握了香料的特点和使用方法，就应该能够在烹饪中轻松驾驭香料了。

图鉴页面的阅读方法

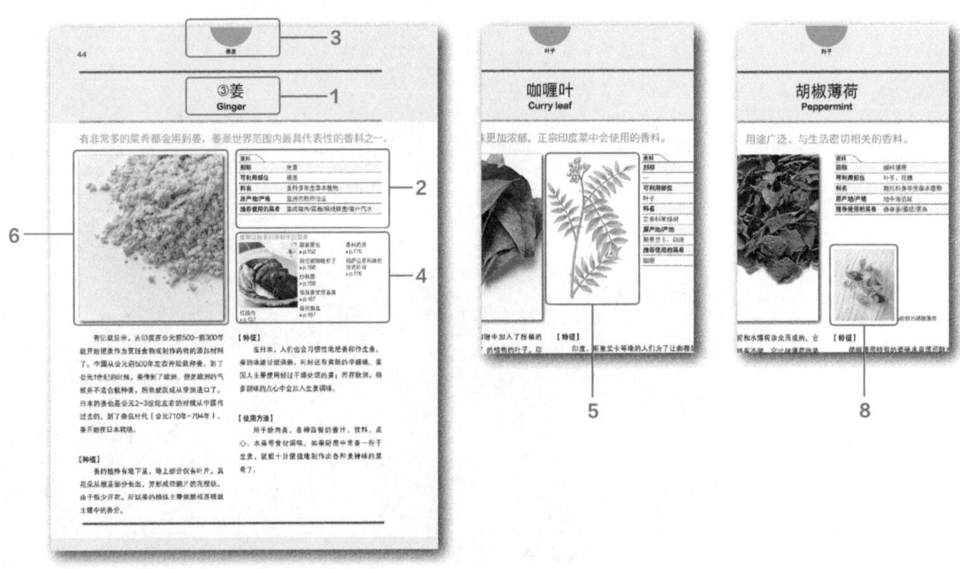

1 所介绍的香料、香草的名称。

2 按从上至下的顺序，介绍香料、香草的别称，可利用部位、植物科名、原产地或产地、推荐使用的菜肴、使用价值。

3 香料、香草的可利用部位。

4 使用所介绍的香料、香草制作的菜肴的照片展示页面。

5 香料、香草原料植物的手绘插图。

6 香料、香草的照片。对种子形态、粉末形态等不同形态的材料进行综合讲解。

7 复合香料中所含香料的照片。

8 香料、香草原料植物的照片。

2.1 掌握7种基础的香料知识

如果一上来就购入几十种香料，对于一般人来讲不太现实。

那么可以从购买料理中最常用的7种基础型香料开始。

这些香料广泛应用在各类菜肴中，备齐这7种香料会使日常的料理变得很方便。

普罗旺斯香草、加拉姆玛萨拉、五香粉这3种是复合香料，分别是西餐、印度餐、中餐里不可或缺的调料。

01

Herbes de Provence
普罗旺斯香草

02

Garam masala
加拉姆玛萨拉

03

Five spices powder
五香粉

04

Nutmeg
肉豆蔻

05

Cumin
孜然

06

Cinnamon
肉桂

07

Cayenne chilli pepper
卡宴辣椒

普罗旺斯香草
Herbes de provence
清新爽朗的法国南部家庭风味

资料	
别称	—
可利用部位	复合香料
科名	—
原产地/产地	法国
推荐使用的菜肴	煎烤三文鱼/煎烤鸡肉/香煎马铃薯/杂烩焖菜/番茄类的菜肴

【特征】

这种香料的名字是“法国南部普罗旺斯地区出产的香草”的意思，是一种复合香料。一般要制作普罗旺斯风味的菜肴时，需要用到百里香、罗勒等若干种不同的香料。不过如果直接使用普罗旺斯香草，就能够快速地制作出法国南部风味的菜肴。

【使用方法】

普罗旺斯香草主要用在鱼汤或炖煮类等需要长时间加热的菜肴中。另外也可以在给肉类食材做提前腌制时使用，还可以撒在装盘上桌前的煎烤类菜肴上，用于调味。

使用这种香料所制作的菜肴

1

2

1
西班牙蒜香蘑菇
» p.124
2
香草烤牡蛎
» p.136
等

Rosemary
迷迭香

Basil
罗勒

Thyme
百里香

Savory
香薄荷

法国南部的普罗旺斯地区出产百里香、鼠尾草、迷迭香等香草类植物，当地家庭会在自家的庭院中栽培，烹饪的时候现摘现用。将这些香草（百里香、鼠尾草、香薄荷、迷迭香、牛至、月桂、茴香等）采摘后进行干燥处理，磨碎混合就形成了名为“普罗旺斯香草”的复合香料。普罗旺斯香草具有的清爽香气能够抑制腥臭味，所以非常适合搭配海鲜或肉类菜肴使用。由于百里香、迷迭香即使长时间加热也不易损失香味，所以其被广泛用于法国南部的各类菜肴中，如海鲜汤、浓汤炖菜等炖煮菜肴。另外，煎烤类菜肴中也经常用到这种复合香料。

加拉姆玛萨拉

Garam masala

用在咖喱中的印度代表性香料

资料	
别称	—
可利用部位	—
科名	—
原产地/产地	印度
推荐使用的菜肴	咖喱/炒蔬菜/肉菜烩饭

【特征】

这是一种轻松就能做出美味咖喱的印度式复合香料，近些年广泛用于世界各地的炖煮菜肴中。由于是复合香料，所以不同地区的家庭会根据自己的口味搭配出不同的玛萨拉。欧洲产的玛萨拉在味道上就比印度本地的要温和一些。

【使用方法】

如果喜欢香味浓郁一点，只需要在基础的加拉姆玛萨拉里加入肉桂和豆蔻。但是基本思路是，不管用在哪种菜肴中都不能多放。这种香料的使用方法很多，可以用来腌制肉类和蔬菜，也可以在烹饪过程中添加，或者在日式咖喱中添加加拉姆玛萨拉，让咖喱的味道变得更加纯正。

使用这种香料所制作的菜肴

1
用加拉姆玛萨拉调味的香辣炸鸡块
» p.134
2
异域风味炒面
» p.140
3
根菜类味噌汤
» p.141
等

加拉姆玛萨拉在印度语里是“灼热与辛辣混合的香料”的意思，是印度最为代表性的香料。不同地区的人会将不同的若干种香料混合到一起，创造出各具特色的加拉姆玛萨拉。以咖喱菜肴为代表，加拉姆玛萨拉广泛使用于各种各样的菜肴中。虽然加拉姆玛萨拉在日本市场上也有销售，但与印度家庭所用的加拉姆玛萨拉还是有成分上的显著区别。因为这种复合香料并没有严格意义上的成分比例，一般会把3~10种不同的香料混合在一起制成加拉姆玛萨拉。而根据用途的不同，在烹饪肉食、海鲜、蔬菜时，其成分比例还会做相应的调整。此外，还有一些配方中不含有辛辣味的香料，制作的成品只香不辣，这种就会被叫作“玛萨拉”。

五香粉

Five spices powder

独具特色的中国风味香料

资料

别称	—
可利用部位	复合香料
科名	—
原产地/产地	中国
推荐使用的菜肴	红烧肉/炸鸡块/饺子

【特征】

五香粉有着复合香料独有的芳香，同时带有些许苦味，用于为肉类食材去除腥味，也可在炖煮时加入菜肴中。这种独特的中国风味香料，在中国、越南、日本等国被广泛使用。

【使用方法】

推荐在制作炸鸡块的时候用五香粉和食盐一起来腌制鸡肉，这样做好的炸鸡块就会有中餐的风味。除了用作油炸食品提前腌制的配料外，制作打卤类菜肴、肉类菜肴和给海鲜去腥时，都能用到五香粉。另外，用老抽、白糖、酒及五香粉调成调味汁，加入炖煮类菜肴中，能够制作出典型的甜咸口中餐风味。五香粉是一种能把清淡味道的菜肴变成浓厚味道的菜肴的香料。

使用这种香料所制作的菜肴

1

2

3

1
红烧肉
» p.137
2
中国风味的番茄鸡蛋面
» p.142
3
干煸扁豆
» p.143
等

用花椒、丁香、肉桂为基础，然后在八角、茴香、陈皮中任选2种，把每种材料进行等量混合后，就得到了中国风味的香料——五香粉。市面上销售的五香粉由于生产厂家不同所以有不同的配方，有时所用的材料也并非只有5种，这是因为五香粉中的“五”字有“多种”“复杂”的含义。五香粉主要用于去除食材的腥臭味以及提香。除此之外，五香粉还具有除臭、抗菌、防腐（防虫）等各种各样的价值。

肉豆蔻

Nutmeg

香甜、微苦的味道能够使肉食更加美味

资料

别称	肉果
可利用部位	雌株果核中的果仁
科名	肉豆蔻科
原产地/产地	摩鹿加群岛
推荐使用的菜肴	汉堡肉饼/意式肉酱/奶油焗通心粉/法式馅饼

【种植】

肉豆蔻是一种树高能达到12米以上的常绿树种，长有椭圆形暗绿色的树叶和淡黄色的小花。其原产地在摩鹿加群岛，但是斯里兰卡、马来西亚、西印度群岛等地也有栽培。

【特征】

肉豆蔻的可利用部位是雌株种子，种子被包裹在一层网状假种皮中，而种子壳中就是我们熟知的肉豆蔻了。它是一种食用价值很高的香料，用途也十分广泛。肉豆蔻有着甘甜且带有刺激性的香味，并且略带微苦。

使用这种香料所制作的菜肴

肉豆蔻奶酪派
» p.126
等

【使用方法】

肉豆蔻能够使肉食更加美味，所以肉豆蔻基本在肉类菜肴中使用。使用时可以用研磨器或粉碎机将其制成粉末后加入菜肴中。布丁、冰激凌等甜点以及热红酒等热饮中也会少量添加肉豆蔻粉。另外，水果拼盘或水果派中也会使用肉豆蔻来调味。此外，它还能够作为咖喱粉或伍斯特酱汁的原料。

公元6世纪，肉豆蔻被阿拉伯商人从东印度群岛带到了君士坦丁堡（如今的伊斯坦布尔）。日本的嘉永元年（1848年），在长崎县出现了肉豆蔻的植株，当时的日本人称其为“新木菟”，而不是如今的肉豆蔻。香水、肥皂、洗发液等产品中也含有肉豆蔻成分。

孜然

Cumin

不仅仅是咖喱，在煎烤类菜肴上也广泛使用孜然调味

资料	
别称	枯茗
可利用部位	种子
科名	伞形科的一年生草本植物
原产地/产地	埃及
推荐使用的菜肴	咖喱/煎马铃薯饼/烤猪肉/古斯古斯

【种植】

孜然是一种原产于埃及的伞形科植物。其种子为黄褐色，长约6厘米，形似枣核。

【特征】

孜然略带苦味的芳香是咖喱风味中不可或缺的一部分，也是加拉姆玛萨拉原料中的一种，其与芫荽、莳萝、葛缕子等材料搭配后，能够让香味进一步提升。不仅是咖喱粉，一些辣椒粉或辣椒酱中也会使用孜然来调味。

【使用方法】

孜然经过油炒后能够引出其香味。北非的古斯古斯、墨西哥的辣豆酱及印度的坦都里烤鸡等独具特色的异国菜肴中都会用孜然调味。还可以将孜然干炒加工后与其他香料混合，十分适合用在羊肉、虾类、牛排类菜肴中。

使用这种香料所制作的菜肴

科伦坡咖喱茄子
» p.158
等

公元前4000年，古埃及人在制作木乃伊的时候，就将桂皮、墨角兰、茴芹和孜然混合在一起作为防腐剂。孜然作为人类栽培的最早的香料植物之一，在古代埃及还被当作药材使用。有资料显示，在中世纪的欧洲有将孜然作为男女贞洁象征的风俗，结婚典礼上，新郎、新娘会将孜然装入口袋中。

06 肉桂
Cinnamon
与日本人有着很深渊源的甜点必用香料

资料

别称	肉桂皮、香桂、柴桂
可利用部位	树皮
科名	樟科常绿树
原产地/产地	亚洲热带地区
推荐使用的菜肴	汉堡肉饼/炒菠菜/苹果派/奶茶

【种植】

与月桂树相似的一种常绿树，将其枝、干部位的树皮剥下，经过干燥处理后即成桂皮。

【特征】

肉桂树生长于印度、马来西亚等国家。严格来说，斯里兰卡生产的桂皮是“锡兰肉桂”，而中国、泰国、印度尼西亚等国生产的桂皮是“柴桂”，品种有所不同。虽然这两种桂皮的芳香成分基本相同，但柴桂的香气更为强烈。具有独特的甘甜、芳香和涩味是肉桂的特点。

【使用方法】

用卷好的肉桂作为汤匙来搅拌卡布奇诺或红茶，能为饮品增添独特的香气。把桂皮泡在红酒或朗姆酒中也能提升酒的口感。

使用这种香料所制作的菜肴

肉桂香蕉薄饼
» p.150
等

肉桂作为世界上最古老的香料之一，公元前3000年就被古埃及人用作木乃伊防腐剂。印度尼西亚产的柴桂与斯里兰卡产的锡兰肉桂虽然香味类似，但柴桂的香气更为强烈。

卡宴辣椒

Cayenne chilli pepper

世界上使用最广泛的香料之一

资料

别称	红辣椒
可利用部位	果实
科名	茄科多年生草本植物
原产地/产地	南美洲
推荐使用的菜肴	韩式豆腐锅/辣白菜/辣味意面

【种植】

在16世纪的时候，卡宴辣椒这个名字泛指长度为5~6厘米的尺寸较大的辣椒，并非特指某个品种。现在日本市场上的辣椒基本都是卡宴辣椒，也称红辣椒，世界各地都有栽培。卡宴辣椒长度为5~7厘米，直径为大约1厘米，各地栽培的品种尺寸各有不同。

【特征】

卡宴辣椒从暗红色到鲜红色都有，均带有强烈的辣味。全世界范围内有90多个卡宴辣椒的品种。

【使用方法】

辣椒的辣味即使在滚烫的炖煮类菜肴中也不会被破坏掉，而且辣味成分是油溶性的，所以用油加热后能够进一步激发辣味与香味。

使用这种香料所制作的菜肴

简单的韩式辣黄瓜
» p.129
等

南美洲的人们在很早之前就开始栽种辣椒。名为“卡宴”的辣椒品种并不是特指的品种名或学名，而是红色、细长、适合磨成辣椒粉的辣椒的统称，辣味菜肴通常会用到这种香料。卡宴辣椒得名于法属圭亚那地区首府卡宴，目前这类辣椒是世界上栽培和食用最多的香料之一，在世界各地都有不同的品种。

2.2 让自己的“拿手好菜”再增加10种香料

当我们学会使用前面所讲的7种基础香料后，就要在制作“拿手好菜”时学习使用接下来要介绍的10种香料了。

学会使用这10种香料后，会让人感觉进入厨房是一件令人愉悦的事情。

①胡椒
Pepper

如今，一般家庭中都备有胡椒，但胡椒的种类之多是超出我们的想象的，不同品种的胡椒，味道也各有不同。在本书的P.54~61中，有对不同种类的胡椒的详细介绍。当瓶装的胡椒被撒在已经做好的菜肴上时，能让菜肴的味道提升一个层次。

②大蒜
Garlic

能够激发食欲、增进风味、去除腥臭味的香料。

资料

别称	胡蒜
可利用部位	鳞茎
科名	百合科一年生草本植物
原产地/产地	埃及、希腊、中国
推荐使用的菜肴	炒蔬菜/烤牛排/蒜香意面

使用这种香料所制作的菜肴

马铃薯肉豆蔻浓汤
» p.139
坦都里风味烤鸡
» p.160
香辣炸薯条
» p.160
印度咖喱风味的炒肉末
» p.175
香辣鸡胗
» p.144

相传埃及、中国、印度的人们从很早之前就开始栽培大蒜了。从古埃及法老图坦卡蒙的墓穴中发掘出的古代香料中就有大蒜，它是最古老的香料之一。欧洲人在古希腊、古罗马时代开始了解大蒜的药用价值。据说中国在公元前140年前后开始栽培大蒜，到了公元8世纪左右，大蒜传到了日本。

【种植】

大蒜的鳞茎（球根）是其可利用部位。在气候温暖的地区，大蒜会在秋季开始慢慢长出鳞茎，经过一个冬天的生长，在第二年的梅雨季节就可以收获了。

【特征】

大蒜是排在食盐、胡椒之后的第三大调味料，在对肉类和海鲜类食材的除臭去腥方面有着非常优秀的效果，其味道还能够增进食欲。自古以来，在世界各地的菜肴中大蒜都有着广泛的应用。

【使用方法】

大蒜的使用方法丰富多样。炒菜时使用自然不用多说，烘干的大蒜也可用于配合黄油制作烤土司。相比于撒在做好的菜肴上，在烹饪过程中使用大蒜能够让其更好地发挥出作用。干大蒜在经过油烹以后能够更好地释放出香味。

③姜

Ginger

有非常多的菜肴都会用到姜，姜是世界范围内最具代表性的香料之一。

资料

别称	生姜
可利用部位	根茎
科名	姜科多年生草本植物
原产地/产地	亚洲的热带地区
推荐使用的菜肴	姜烤猪肉/菜卷/照烧鰤鱼/姜汁汽水

使用这种香料所制作的菜肴

红烧肉 » p.137

甜姜面包 » p.152

科伦坡咖喱茄子 » p.158

炒秋葵 » p.158

简易家常塔吉菜 » p.167

香煎旗鱼 » p.167

香料奶茶 » p.170

玛萨拉茶风味的法式吐司 » p.170

有记载显示，古印度在公元前500~前300年就开始把姜作为烹饪食物或制作药物的添加材料了。中国从公元前500年左右开始栽种姜，到了公元1世纪的时候，姜传到了欧洲。但是欧洲的气候并不适合栽种姜，后来就改成从亚洲进口了。日本的姜也是公元2~3世纪左右的时候从中国传过去的，到了奈良时代（公元710年~794年），姜开始在日本栽培。

【种植】

姜的植株有地下茎，地上部分仅有叶片。其花朵从根茎部分长出，并形成带鳞片的花梗状。由于很少开花，所以姜的植株主要依赖根茎吸取土壤中的养分。

【特征】

在日本，人们也会习惯性地把姜称作生姜。姜的味道甘甜清新，同时还有爽朗的辛辣味。美国人主要使用经过干燥处理的姜；而在欧洲，很多甜味的点心中会加入生姜调味。

【使用方法】

用于给肉类、各种西餐的酱汁、饮料、点心、水果等食材调味。如果厨房中常备一些干生姜，就能十分便捷地制作出各种姜辣味的菜肴了。

④丁香
Clove

丁香曾经是一种价格昂贵的香料，有着强烈的甜味香气。

资料

别称	丁子香
可利用部位	开花之前的花蕾
科名	桃金娘科常绿树
原产地/产地	印度尼西亚等地
推荐使用的菜肴	西式泡菜/法式炖肉/汉堡肉排/热红酒

使用这种香料所制作的菜肴

热红葡萄酒
» p.171

烤牛肉
» p.168

香草奶油奶酪贝果
» p.168

玛萨拉茶风味的法式烤吐司
» p.170

香料奶茶
» p.170

红酒糖水梨
» p.171

椰香咖喱
» p.173

姜黄饭
» p.174

印度咖喱风味的炒肉末
» p.175

古印度和中国从公元前就开始使用丁香了。后来经由中国商人，丁香通过锡兰（今斯里兰卡）传到欧洲，成为只有贵族阶层能使用的珍贵香料。到了15世纪后半叶的大航海时代，丁香才逐渐普及。丁香在日本的历史比较悠久，大概在公元5~6世纪的时候日本人就已经了解丁香的用途了。

【种植】

地处热带、气候湿热的印度尼西亚摩鹿加群岛是丁香的原产地。其植株为常绿树，种子发芽后经过20年才能生长到10米高。丁香树发芽生长后的第七八年，就可以收获丁香了。

【特征】

丁香这种香料是将丁香树的花蕾干燥处理后制成的。丁香有着如同香草般的强烈甜味和刺激性的芳香。在欧洲，丁香常与胡椒一起被作为烹饪肉食的调料来使用。

【使用方法】

在制作如奶油炖肉等肉类菜肴时，可以在提前腌制肉类时加入丁香去腥。不过需要注意的是，丁香本身的芳香十分强烈，使用时应控制好用量。在制作香草风味的点心时，可以在和面的时候加入少许丁香粉来调味，香草和丁香的味道可以互相强化提香。

⑤百里香
Thyme

欧洲菜肴中常用的一种香料。

资料	
别称	地椒、麝香草
可利用部位	叶片、花穗
科名	唇形科多年生草本植物
原产地/产地	地中海沿岸
推荐使用的菜肴	腌鱼肉/西式炖牛肉/意式肉酱/油腌奶酪

» 新鲜的百里香叶片

古埃及人在制作木乃伊时，将百里香当作防腐剂的材料之一。百里香带有的清新典雅的芳香被认为象征着拥有高超的个人能力和勇气。相传在中世纪的欧洲，贵族妇人会向出征的骑士赠予缝有百里香枝条的围巾作为鼓舞。

【种植】

百里香的植株适合在日照充足、水量充沛的土质环境中生长，一般其高度为5~20厘米，其叶片的长度只有大约7毫米。

【特征】

百里香是西餐中至关重要的一种香料。其植株适应性强，所以衍生品种也很多，据说有100种以上。百里香的芳香程度与其成分中的麝香草酚、香芹酚的含量有直接关系。百里香带有独特的清香味与微苦味。

【使用方法】

百里香适合与大蒜、洋葱、红酒一起搭配使用，在肉类、海鲜类菜肴，如蛤蜊浓汤或番茄菜肴中加入百里香，可起到除臭去腥的作用。煎炸类菜肴也常用百里香调味。此外在汤类菜肴、炖菜类菜肴、西式泡菜、火腿、香肠及利口酒中也会用到百里香。

⑥迷迭香
Rosemary

带有强烈的芳香且香味持久，是肉类菜肴的绝佳搭档。

资料

别称	艾菊
可利用部位	叶片、花穗
科名	唇形科常绿灌木
原产地/产地	地中海沿岸
推荐使用的菜肴	烤羊排/烤鸡腿/煎三文鱼/炒马铃薯

» 新鲜的迷迭香叶子

古希腊的学生在参加考试前，都会将迷迭香编制成花环戴在头上，据说迷迭香的香气就有提神醒脑、增强记忆的功效。在西方传说中，圣母玛利亚的绿色披风上点缀有香气四溢的白色花朵，这个花朵后来也变成了和披风一样的绿色。于是装饰在圣母身上的花朵被人们叫作“Rose of Mary（玛利亚的玫瑰）”，迷迭香（Rosemary）的名字由此而来。

【种植】

迷迭香喜欢日照充足的环境，一般生长在干燥的土壤中，其植株高度为20厘米~2米。

【特征】

迷迭香的叶子香气浓郁且香气持续时间长 。迷迭香具有新鲜的甘甜味和清爽的微苦味，可以为蔬菜增添香味；并且具有去腥除臭的效果，与鸡肉、羊肉、猪肉等肉类食材十分搭配。欧洲地区的人们喜欢用迷迭香来腌制肉类食材。

【使用方法】

意大利菜中会使用新鲜的迷迭香进行调味，不过干燥处理后的迷迭香也有着强烈的香气，能够广泛使用在烤制羊肉、炖牛肉汤、浓汤炖菜等各种不同类型的肉类菜肴中。迷迭香还能为蔬菜增香，也十分适合用在以芜菁、花椰菜等为原料的蔬菜菜肴中。

⑦罗勒
Basil

番茄菜肴的绝妙搭档，意大利菜中必不可少的香甜味道。

资料

别称	甜罗勒、兰香
可利用部位	叶片、花穗
科名	唇形科一年生草本植物
原产地/产地	印度、非洲地区
推荐使用的菜肴	玛格丽特比萨/热那亚意面/番茄沙拉/炒鸡肉

使用这种香料所制作的菜肴

烤牛肉
» p.168
香料拌奶酪
» p.131
香草挂粉烤鳕鱼
» p.164
香草炒蛋
» p.164
罗勒油酱汁
» p.132

罗勒在古代希腊语中有“王”的意思。日语中则把罗勒叫作“目箒”，之所以会有这个说法，是因为古时候日本人把罗勒的种子用水浸泡以后制成胶状，用来清除不慎落入眼中的灰尘。

【种植】

根据叶子的形状和颜色不同，罗勒的香味也有所不同。罗勒被广泛用于各种菜肴中，一般把罗勒称为“甜罗勒”。

【特征】

罗勒除了带有唇形科香料植物都具有的清淡香甜味外，还略带辣味。意大利语中罗勒被叫作“Basilico”。法国菜里罗勒被誉为“香草之王”，应用在各种菜肴当中。

【使用方法】

意式肉酱面中的肉酱以及与番茄搭配的菜肴、各种用番茄制作的酱汁中都会加入罗勒调味。罗勒的香味非常适合与番茄类菜肴搭配，蛋包饭、炖菜、汤汁等菜肴也都会用到罗勒。将罗勒与牛至、墨角兰、鼠尾草混合后，能为菜肴增添温润的香味。

⑧红椒粉

Paprika

深受匈牙利人喜爱，是带有艳丽的红色的香料。

资料

别称	红柿子椒
可利用部位	果实（去除种子的果肉部分）
科名	茄科多年生草本植物
原产地/产地	美洲热带地区
推荐使用的菜肴	炖鸡肉/炸薯条/炖豆子/坦都里风味烤鸡

使用这种香料所制作的菜肴

坦都里风味烤鸡 » p.160

香辣炸薯条 » p.160

西班牙海鲜饭 » p.162

马铃薯沙拉 » p.162

匈牙利风味浓汤炖菜 » p.148

16世纪土耳其进攻匈牙利的时候，土耳其士兵将一种香料带到了匈牙利。一开始这种香料被叫作“土耳其椒”，后来演变成了匈牙利语中的“Paprika”，也就是我们常说的红柿子椒。

虽然名字中有个椒字，但红椒与辣味没什么关系。作为香料的红椒基本都被加工成了粉状，大多被用来给食材上色。

【种植】

红椒适合在日照充足且湿润的土地上栽种，是沙拉配菜及红椒粉的原料，品种多种多样。

【特征】

原本红椒与红辣椒类似，但匈牙利人对其进行了改良，将其变成了一种没有辣味的柿子椒。

【使用方法】

最适合与红椒粉搭配的食材是鸡肉、沙拉酱汁、番茄酱、汤类菜肴等。此外给奶酪、鸡蛋、马铃薯、海鲜、凉拌菜等菜肴提香增色时，红椒粉也是一味重要的材料。红椒粉还广泛用在辣椒酱、香肠以及需要高温炖煮的肉类菜肴中。

⑨八角
Star anise

由中国传到日本的香料。

资料

别称	大茴香、大料
可利用部位	果实
科名	木兰科
原产地/产地	中国
推荐使用的菜肴	红烧肉/炖煮蔬菜/韭菜炒鸡肝

使用这种香料所制作的菜肴

中国风味泡菜
» p.131

在日本也叫作“八角”的香料，是中国菜中必不可少的一味调料。八角的英文叫作“Star anise”，这是因为其香味和造型跟茴芹（Anise）近似。

【种植】

原产于中国，果实为深褐色或黑褐色，有6~8个蓇葖，呈星形摆列，直径为3~4厘米。蓇葖有光滑的褐色内壁，内有色泽光亮、形状扁平的褐色种子。

【特征】

八角与茴香虽然种类不同，但香味近似，有着类似的甜味和辣味。

【使用方法】

在中国菜中，尤其是在猪肉、鸭肉类菜肴中多用八角来提香。它是中国特有的香料，作为五香粉的成分之一闻名于世，经常用来为猪肝去腥。16世纪，八角传到了欧洲，被当地人用来替代茴香，制作相关的饮料和其他加工品。

⑩藏红花
Saffron

带有独特的芳香与鲜艳的黄色，可以让菜肴的品质得到升华，是最昂贵的香料之一。

资料
别称
番红花、西红花
可利用部位
花朵的雌蕊
科名
鸢尾科
原产地/产地
欧洲南部/亚洲西南部
推荐使用的菜肴
西班牙海鲜饭/普罗旺斯鱼汤/意大利调味饭

欧洲地区从公元前就开始使用藏红花的雌蕊作为香料和染料。古希腊人十分喜爱藏红花的黄色，有一段时期甚至规定这个颜色为“皇家颜色”，只有王侯贵族可以使用。在江户时代（1603年~1868年），藏红花传入日本，明治十九年（1887年）开始在日本栽培。明治三十年（1898年），日本已经将藏红花作为商品出口。

【种植】

藏红花有观赏植物品种（番红花）和药用植物品种之分，原产于亚洲西南部。古希腊是最早栽培藏红花的地区。

【特征】

藏红花的雌蕊需要人工采摘，所以藏红花是一种生产成本很高的香料。其带有刺激性的类似碘仿的独特芳香和微苦的味道，这种独特的香味并非适合用在所有的菜肴中。

【使用方法】

西班牙的海鲜饭、法国的普罗旺斯鱼汤等菜肴会用藏红花调味。藏红花的色素成分不溶于油脂，但在热水中会溶解成鲜艳的黄色，并释放香味。在菜肴出锅前再加入藏红花，可以最大限度地保留藏红花的香味。一根藏红花就足够为菜肴增色提香了。

2.3 把生活中常见的香料的作用发挥到极致！

在琳琅满目的香料中，胡椒是日本人的饮食生活中最为常见的一种。

不过对胡椒有着深入了解的人却少之又少。

正因为胡椒是常见的香料，我们才应该以此为契机做一个全面了解，不是吗?

Pepper

胡椒

对于日本人来说，胡椒几乎就是香料的代名词。即便是生活中对香料不怎么在意的人，也都会在自家的餐桌上预备一小瓶胡椒。如此常见的香料，日本人的用法却远比欧美国家的人的用法少得多。

比如胡椒盐，日本人在制作肉类、海鲜类菜肴时，肯定会拿它来对原材料进行提前腌制。在欧美国家，胡椒和盐是成对预备的两种独立的调料。日本的用法是只利用胡椒盐这一种调料为菜肴增加香味或辣味，而欧美地区的人的做法是根据食材和烹饪方法的不同，使用适量的胡椒和盐。这就是拥有千年以上肉食文化的欧美诸国与只有不到100年肉食习惯的日本之间的差别。

日本人一般只用到了黑胡椒和白胡椒这两种，即便胡椒与日本人的日常生活是如此密不可分。不过对于一般人来说，也不需要深入研究这方面的内容。只用简单了解几种胡椒，也算是更多地了解香料知识吧。

胡椒在香料中占据了重要的地位，有数十个种类。主要分为以下两个大类。

①不同产地的不同品种。

②是胡椒科，却不是香料的品种。这一品种主要用于给肉类、海鲜类食材去腥，增加辣味，其用法与胡椒相同。

即使看起来相同的胡椒，其味道也会因为产地不同而有所区别。一些被叫作胡椒的品种，在植物学上其实属于不同的种类。这些会在p.54~61中详细介绍。

欧美家庭会常备包括胡椒在内的各种香料。而日本的家庭通常只会预备1~2种胡椒，并且其对胡椒的用法已经成了定式，使用范围非常小。大家可以在花蛤味噌汤里撒点胡椒尝尝看，应该会觉得二者的味道意外地搭配。正因为胡椒是生活中常见的香料，我们才要不拘泥于定式，要灵活应用。

About Pepper

本页照片展示的是柬埔寨的胡椒种植园。这个种植园由日本人经营，其产品的品质获得了世界各地买家的好评。原本柬埔寨就是黑胡椒的原产地，产出的都是高品质的胡椒。但受到各种因素的影响，柬埔寨的胡椒产量在一段时间里大幅下降。近年来作为胡椒产地的贡布省，以出产高品质胡椒而闻名于世。

把生活中常见的香料的作用发挥到极致!

胡椒是这样生产出来的

这个种植园中的胡椒植株原本是在野外自然生长的。虽然野外杂草丛生，但胡椒的生长却丝毫不受影响，于是人们就除去杂草，进行人工管理。日本经营者将植株整齐排列，从而增加了产量。产出的胡椒按照大小和成熟度进行人工分拣。这也是为什么人们常说“胡椒的价格是由人工费决定的”。

马达加斯加黑胡椒

Madagascar black pepper

传统欧洲菜肴中会使用的马达加斯加产的高级香料。

资料

可利用部位	果实
科名	胡椒科
原产地/产地	马达加斯加
推荐使用的菜肴	肉类菜肴/海鲜类菜肴/炖煮类菜肴

【特征】

出产于马达加斯加的一种黑胡椒。法国的星级餐厅在制作高档肉类菜肴时都会使用这种胡椒，它的香味使其在欧洲餐饮界大受欢迎。这种胡椒辣味较强，同时香味也很浓，既可以在菜肴的加工过程中使用，也可以作为餐桌调料使用。马达加斯加有“香料之岛”的美誉，其中该国最大的海滨浴场所在地的诺西贝岛，也是胡椒的知名产地。

沙捞越黑胡椒

Sarawak black pepper

适合用在任何菜肴中的胡椒，深入日本人的饮食生活。

资料

可利用部位	果实
科名	胡椒科
原产地/产地	加里曼丹岛
推荐使用的菜肴	肉类菜肴/海鲜类菜肴/泡菜/汤汁

【特征】

沙捞越黑胡椒是一种辣味较强的万能香料。虽然这个名字听起来有点让人莫名其妙，但这种黑胡椒是日本进口最多的黑胡椒品种。不论你是否了解，这种胡椒都深入日本人的厨房、餐桌，与日本人的饮食生活密不可分。其果实为黄色的时候就可以进行采摘了，经过日晒干燥后它就可以作为商品出售了。

苏门答腊黑胡椒

Sumatra black pepper

颗粒虽小但带有强烈的辣味和香味，
适合与肉类菜肴搭配。

资料

可利用部位	果实
科名	胡椒科
原产地/产地	印度尼西亚
推荐使用的菜肴	肉类菜肴/海鲜类菜肴

【特征】

苏门答腊黑胡椒的特点是果实颗粒小，味道辣而香。印度尼西亚作为胡椒产地，在世界范围内是比较知名的，其生产的胡椒有着强烈的辣味但几乎没有苦涩味，十分适合用来给肉类或海鲜类菜肴调味。尤其是使用大量油脂烹饪的菜肴，非常适合用这种胡椒来调味。另外在制作炖煮、烧烤类菜肴及调味汁时，加入苏门答腊黑胡椒能让味道更加浓郁。

代利杰里黑胡椒

Tellicherry black pepper

带有清凉感的香味，
尝过一次就再也忘不掉了。

资料

可利用部位	果实
科名	胡椒科
原产地/产地	印度西南地区
推荐使用的菜肴	烤肉排/凯撒沙拉

【特征】

地处印度西南部的喀拉拉邦以盛产黑胡椒而闻名。当地产的胡椒属于稀有品种，所以其在欧美地区的市场上能卖到较高的价格。这里生产的黑胡椒相比于印度其他地区的黑胡椒，其颗粒更大，并带有如同薄荷一般的爽朗的香味。除了用来给烤肉排、烤马铃薯或凯撒沙拉等菜肴调味外，代利杰里黑胡椒也是风味独特的意大利萨拉米菜肴中不可缺少的一味香料。

班乍白胡椒
Penja white pepper

喀麦隆产的白胡椒被誉为
最高级的白胡椒。

资料

可利用部位	果实
科名	胡椒科
原产地/产地	喀麦隆
推荐使用的菜肴	肉汁浓汤/白酱汁/鸡肉类菜肴

【特征】

喀麦隆的班乍地区生产的白胡椒品质好、数量少，是世界上最高级的白胡椒产品。这种胡椒依靠野生鸟类传播种子，并在稀树草原上自然生长，其结出的果实相比于人工栽培的品种，辣味更强且独特，带有类似肉豆蔻和木头的香味，非常适合用来给鸡肉类菜肴调味。法国菜中的白酱汁和肉汁浓汤也经常使用班乍白胡椒调味。

马拉巴白胡椒
Malabar white pepper

在盛产黑胡椒的地区栽培的
辣味爽朗的胡椒。

资料

可利用部位	果实
科名	胡椒科
原产地/产地	印度西南部
推荐使用的菜肴	白肉鱼/沙拉/生切肉片

【特征】

位于印度西南沿海的喀拉拉邦的马拉巴地区以出产白胡椒闻名。这里出产的白胡椒有爽朗的香辣味，适合搭配白肉鱼或制作白酱汁，也适合用来给沙拉、蔬菜类菜肴、汤汁等调味。目前全世界栽培的大部分白胡椒品种都源自印度的马拉巴地区，可以说马拉巴地区就是白胡椒的发源地。

青胡椒

Green pepper

新鲜的绿色带来清爽的香气，
是一种气味清新的香料。

资料

可利用部位	果实
科名	胡椒科
原产地/产地	印度
推荐使用的菜肴	肉类菜肴/海鲜类菜肴/蔬菜类菜肴/汤汁类菜肴

【特征】

青胡椒是用没有成熟的胡椒果实制成的。青胡椒在大约公元前500年就有栽培记录，现已成为广受欢迎的一种香料。鲜爽的香气和强劲的辣味是其特点，这一品种的胡椒可广泛用来给肉类、海鲜类、蔬菜类及汤汁类菜肴调味，其也是咖喱粉和伍斯特酱汁的原料之一。

红胡椒

Red pepper

成熟后自然掉落的果实，
需要人工一颗一颗地收集起来。

资料

可利用部位	果实
科名	胡椒科
原产地/产地	印度西南地区
推荐使用的菜肴	汤汁类菜肴/炖煮类菜肴/沙拉/调味汁

【特征】

完全成熟后变为红色的胡椒果实会从植株掉落到地面上，需要人工收集。这种全熟胡椒种植法，会受到气象因素的影响，有些年份会颗粒无收，对于种植者来说风险较高。也正是由于种植风险高，其售价也较高。红胡椒完全成熟的果实会散发出浓郁的香气，其使用方法与黑胡椒类似，可以撒在菜肴上，也可以用来将食材提前腌制、去腥除臭，还可以磨成粗颗粒为沙拉调味或加入调味汁中。

多香果
Allspice

将4种香料的味道
合而为一的万能选手。

资料

可利用部位	果实
科名	桃金娘科
原产地/产地	中南美洲、西印度群岛
推荐使用的菜肴	酱汁/西式泡菜/肉类菜肴/蛋糕

【特征】

如同它的名字一样，多香果集锡兰肉桂、丁香、肉豆蔻、胡椒这4种香料的味道于一身。在美国西部大开发的时代，多香果是保存肉类、鱼类以及调味、增进食欲的必不可少的香料。牙买加产的多香果的品质尤为突出。多香果果实的形态和味道与胡椒类似，因此其有时也被称作“牙买加胡椒”，但没有辣味。这种香料主要用于菜肴制作初期的调味。

荜澄茄黑胡椒
Cubeba black pepper

不论是香气还是味道，都不会让人联想到胡椒的“带尾巴的胡椒”。

资料

可利用部位	果实
科名	胡椒科
原产地/产地	印度尼西亚
推荐使用的菜肴	鱼类肴菜/虾蟹类肴菜/鸡肉类菜肴

【特征】

荜澄茄胡椒产自印度尼西亚的马都拉岛。由于需要手工采摘，所以这一品种的胡椒十分贵重，其也被称作“爪哇胡椒”。其果实带有形似花椒的梗，所以也被叫作“带尾巴的胡椒”。这个“尾巴”就是在果实未成熟时就采摘而形成的。荜澄茄胡椒有类似薄荷或柠檬的清爽香味，同时还有与黑葡萄醋（Balsamico）相近的酸味。其辣味比较温和，适合与各种海鲜搭配。如果在果子露冰激凌上撒一点荜澄茄黑胡椒，可以得到令人惊喜的美味。

塞利姆黑胡椒

Selim black pepper

华丽而刺激的芳香，
形似豆子的胡椒。

资料

可利用部位	果实
科名	番荔枝科
原产地/产地	多哥
推荐使用的菜肴	焯水蔬菜沙拉/马铃薯沙拉

【特征】

塞利姆黑胡椒的果实形似豌豆荚，又称“几内亚黑辣椒”，是较为贵重的黑胡椒品种。多纤维的外皮包裹着坚硬的黑色种子，可将其连外皮一起磨碎用于调味，或整个放入汤汁中炖煮。这一品种的胡椒带有薄荷、麝香葡萄及肉豆蔻的香味，但辣味并不强烈，适合搭配胡萝卜、马铃薯等根茎类蔬菜或花椰菜、西葫芦等。

粉红胡椒

Pink pepper

鲜艳的玫瑰色为菜肴
增添了华丽的色彩。

资料

可利用部位	果实
科名	胡椒科
原产地/产地	安第斯地区
推荐使用的菜肴	生切肉片/鸡肉菜肴/猪肉菜肴

【特征】

被称为“粉红胡椒”的胡椒果实有3种，分别是成熟发红的胡椒果实、欧洲花椒的果实、肖乳香的干燥果实。在日本，一般把肖乳香的果实叫作“粉红胡椒”。相比于胡椒的果实，粉红胡椒没有多少辣味，但有着独特的香味和少许酸味。此种胡椒多用来给菜肴增色，而不是调味——将其加到酱汁或调味汁中可使菜肴的色彩更浓重。

荜茇

Long pepper

甘甜的芳香和强烈的
辛辣味令人着迷。

资料

可利用部位	果实
科名	胡椒科
原产地/产地	南亚地区
推荐使用的菜肴	咖喱/肉类菜肴/咖啡

【特征】

荜茇虽然与胡椒同属一科，但其结出的果实不是圆粒状，而是长圆柱形，其香味也与胡椒完全不同，带有独特的甘甜芳香。在果实成熟前采摘并进行干燥处理，就可制成香料。其使用方式多样，可以打成粉，也可以直接放入炖煮类菜肴中，有除臭去腥的作用。日本的冲绳地区自古以来就有栽培荜茇的习惯。

塔斯马尼亚黑胡椒

Tasmanian black pepper

在甘甜之后到来的，
是足以麻痹舌头的辛辣味。

资料

可利用部位	果实
科名	胡椒科
原产地/产地	塔斯马尼亚
推荐使用的菜肴	鸡肉类肴菜/海鲜类肴菜/果子露冰激凌

【特征】

塔斯马尼亚黑胡椒的味道虽不像迷迭香或蔷薇那样香甜，却有着类似花椒那样可以产生麻感的成分。所带有的辣味使其被誉为世界上最辣的胡椒。将其浸泡在食用油或果醋里，会使油和醋带有胡椒的味道与颜色。可以与面包或意面搭配食用，还可以直接撒在果子露冰激凌上食用。加入腌肉汁或烧烤的食材中，也能起到除臭去腥的作用。

野生黑胡椒

Wild black pepper

不比高档胡椒差，
在法式菜肴中应用广泛的香料。

资料

可利用部位	果实
科名	柑橘科
原产地/产地	马达加斯加
推荐使用的菜肴	肉类菜肴

【特征】

与其他胡椒相比，野生黑胡椒的颗粒更小，颜色也更浅。野生黑胡椒的果实生长在印度尼西亚或马达加斯加的森林中，由人工在树高达15米以上的野生胡椒树上进行采摘。将一颗野生黑胡椒放入口中，首先会品尝到带有木香的麻辣味，随后留在口腔里的是如同花椒一样的爽朗芳香。这种独特的味道常被法国菜厨师用于给野味菜肴调味。野生黑胡椒与青鱼、羊肉、鸭肉等带有特殊味道的食材非常搭配。

干熟黑胡椒

Dry ripe black pepper

一年只能收获不到300千克的世界上
最高级的黑胡椒。

资料

可利用部位	果实
科名	胡椒科
原产地/产地	柬埔寨
推荐使用的菜肴	煎烤的肉类/海鲜类菜肴/汤汁

【特征】

干熟黑胡椒十分难以栽种，一年只能收获300千克，是世界上最高级的黑胡椒。其色泽、大小、味道，不论哪方面都不愧为“世界最高级”。使用研磨器研磨时这种黑胡椒就能释放出令人惊艳的香味。一般都是在做好的菜肴上撒上一点，而不会将其用作事先腌制的调料。与普通胡椒在其果实还是青绿色时就采摘和加工不同，干熟黑胡椒需等果实完全变红成熟以后，再进行采摘和加工。

把生活中常见的香料的作用发挥到极致！

辣椒和胡椒同为日本人饮食生活中必不可少的两味香料。

香料中的很多品种都以辣味为特征。

辣椒虽然是各种辣味菜肴中不可缺少的香料，但在欧洲却十分小众。

Chilli

辣椒

辣椒在日语汉字中叫作“唐辛子”，其历史比胡椒要短一些。由于辣椒可以在包括温带地区在内的各种环境中栽培，到20世纪以后，辣椒的栽培就在世界范围内普及了。据传辣椒在16世纪由欧洲传入日本，但日本人开始食用辣椒是17世纪以后的事了。

七味辣椒粉在江户时代就已经成为日本普通百姓常用的一种香料制品了，但日本饮食生活中，辣椒的用量多起来则是现代的事情了。到了20世纪80年代后半叶，日本兴起了多次特辣菜肴和特色菜的热潮，后来韩国料理的风靡也推动了辣椒在日本饮食生活中的普及。经过这几次辣椒热潮后，越来越多的日本人接受了辣椒的味道。

可是在欧洲，辣椒却没能流行起来。辣椒的主要消费地区都是高热高湿的地区，而欧洲地处温带，气候温和，与热带气候完全不同。即使是在饮食生活中习惯使用各种各样的香料的欧洲人，辣椒的味道对他们来说也太过刺激了，所以他们很少在菜肴中使用辣椒。法国北巴斯克有一种辣椒品种，据说是因为当地人比较喜欢吃辣味菜肴才栽培的，而实际上其辣味对于日本人来说都是不够的。说到底就是欧洲地区喜欢辣味菜肴的人较少。

世界各地的人们会根据当地栽培出的辣椒的特性，制作出各种风味独特的菜肴。品尝不同地方特色的辣味菜肴，也是在享受辣椒所带来的乐趣。

香料中的香味与辣味成分基本都可溶解在油脂中。在炒菜时，用小火加热锅中的油，然后放入整个的辣椒，可以让辣椒的味道充分释放出来。如果是炖煮类菜肴，则可以在炖煮了一段时间后再放入打成粉的辣椒或切碎的辣椒。在不太能吃辣的欧洲地区，人们常把辣椒与番茄混合在一起烹饪。

辣椒是一种很容易发霉变质的香料，长期储存时一定要将其放入冰箱。如果用木质容器储存辣椒粉，需要经常检查里面的辣椒粉是否变质，天气干燥后需要清理容器并将其晾干再使用。

About Chilli

辣椒辣度排行榜（单位:史高维尔/展示的是大致数值）

危险的香味，世界最辣的香料。

辣椒的辣度单位为“史高维尔”。这个单位计算的是辣椒中含有的辣椒素的比例，但不能用于计算不含辣椒素的香料的辣味程度。截至 2011 年，世界上最辣的辣椒是吉尼斯世界纪录认定的名为“特立尼达蝎子布奇 T”辣椒品种，此前世界上最辣的辣椒榜首一直是印度鬼椒这一品种。

这是一种在澳大利亚发现的品种，在烹饪时必须戴好手套、护目镜等各种防护设备。只要咬上一小口，强烈的灼辣感就会在片刻后横扫口腔。虽然香料的香味是人们喜爱它的原因，但如此危险的香料却十分罕见。特立尼达蝎子布奇 T 的发现者是布奇·泰勒，所以辣椒的命名中也加入了发现者的名字。如果觉得自己很能吃辣，不妨在有机会的时候挑战一下这种辣椒。

德斯佩雷特灯笼椒

Piments d'espelette

高级餐厅经常使用的产自法国北巴斯克地区的辣椒。

资料
可利用部位
果实
科名
茄科
原产地/产地
法国
推荐使用的菜肴
炖牛肉/西葫芦意面/炸蔬菜

法国北巴斯克地区的德斯佩雷特是辣椒的知名产地，当地人收获辣椒后会将辣椒烘干，并磨成粗粉。1493年哥伦布把辣椒带回欧洲，首先得到辣椒的是西班牙；1548年辣椒传到了英国，后来便在世界各地“开花结果”。

【种植】

辣椒原本属于茄科多年生草本植物，但在温带地区就变成了一年生。德斯佩雷特辣椒植株的高度为30厘米~1米，枝叶繁茂。夏末秋初叶根处会开出白色的花朵。

【特征】

这种辣椒不仅有辣味，还有些许甜味。这种令人回味的辣味被全世界的顶级厨师所青睐。

【使用方法】

将其磨成粉后，可以直接撒在海鲜或肉类菜肴上，直接品尝其味道。也可以加到炖煮类菜肴中，或者混合到面浆中制作挂衣油炸食品，还可以作为调味汁的原料。如果制作的菜肴只需要少量的辣味，这种辣椒是不二之选。

黄金辣椒
Golden chilli

风味、香气浓郁，
日本最辣的金黄色辣椒。

资料

可利用部位	果实
科名	茄科
原产地/产地	日本
推荐使用的菜肴	日本料理/咖喱

【特征】

具有金黄色果实的辣椒被冠以“黄金辣椒”之名。与日本国内生产的最辣的红辣椒相比，黄金辣椒的辣度是其10倍以上。不过黄金辣椒不仅有辣味，还有十分独特的香味，这种令人回味的浓厚香醇的味道是这类辣椒与其他特辣辣椒的不同之处。黄金辣椒的果实细长、皮薄，很容易进行脱水干燥。美味的黄金辣椒只要吃过一次，就让人再也忘不掉，可以说它是日本原产的最具代表性的特辣辣椒了。

三鹰辣椒
Santaka chilli pepper

名字源自“鹰爪”，
日本本土的红辣椒品种。

资料

可利用部位	果实
科名	茄科
原产地/产地	日本
推荐使用的菜肴	日本料理/腌制食品

【特征】

日本产的三鹰辣椒的“三鹰”是“三河鹰爪”的简称。这种产自日本爱知县东部地区的辣椒品种，结出的果实总是朝上生长。与同为红辣椒的鸟眼辣椒相比，三鹰辣椒的味道更加丰富，辣度中等，是一种美味的辣椒。虽然三鹰辣椒的辣度不如其他国家或地区的辣椒高，但其细腻的味道与日本料理十分搭配。在20世纪60年代，日本枥木县的大田原市也曾经是三鹰辣椒的主要产地。

鸟眼辣椒
Birds eye chilli

世界各地都广泛栽培
的普及型辣椒。

资料

可利用部位	果实
科名	茄科
原产地/产地	南非、中南美地区
推荐使用的菜肴	香辣意面/辣味通心粉

【特征】

由于果实形状类似鸟的眼睛，所以这种辣椒被叫作“鸟眼辣椒”。这个品种的辣椒适应性强，世界各地都有栽种，据说目前已经发展出上千个品种。中国的辣椒红油、美国的塔巴斯科辣酱都用这种辣椒作为原料。由于辣椒籽会给口腔带来灼辣感，所以在烹饪辣味意面类菜肴的时候，最好把辣椒里的籽去掉再使用。

哈瓦那辣椒
Habanero chilli

在日本也能栽培
的前世界第一辣辣椒。

资料

可利用部位	果实
科名	茄科
原产地/产地	中南美地区
推荐使用的菜肴	锅仔类菜肴

【特征】

在发现超辣辣椒“印度鬼椒”之前，吉尼斯世界纪录认定的最辣辣椒一直是哈瓦那辣椒。这种辣椒的辣度是普通日本辣椒的20倍。哈瓦那辣椒的果实形似柿子椒，但略小一点，成熟后的果实有橙色、白色、粉色等不同颜色。一些园艺店会将其作为观赏花卉来销售，其栽培方法十分简单。烹饪的时候要小心，不要将辣椒汁液溅到眼睛里。哈瓦那辣椒并不只有辣味，其香味也十分出众。

墨西哥哈拉巴辣椒
Jalapeno chilli

激发食欲，
也可以生吃的青辣椒。

资料

可利用部位	果实
科名	茄科
原产地/产地	墨西哥
推荐使用的菜肴	墨西哥菜

【特征】

墨西哥哈拉巴辣椒是墨西哥菜肴中必不可少的一味香料，这种辣椒与其他种类的辣椒有所不同。作为墨西哥极具代表性的香料产品，其得名于墨西哥的哈拉巴州。其辣度是日本七味辣椒粉的2倍，可以生吃。另外，美国的一些点心和饮料中也会加入墨西哥哈巴拉辣椒来调味。绿色的塔巴斯科辣椒酱中也有墨西哥哈拉巴辣椒。

印度鬼椒
Bhut jolokia

带有果香的吉尼斯世界纪录
认定的超辣辣椒。

资料

可利用部位	果实
科名	茄科
原产地/产地	孟加拉国
推荐使用的菜肴	比萨

【特征】

原产孟加拉国的印度鬼椒，其辣度是哈瓦那辣椒的2倍以上，2006年时获得了吉尼斯世界纪录认定的世界第一辣辣椒。食用这种辣椒会带来强烈的灼辣感，不过其带有的果香味却适合给意大利面或比萨这类菜肴调味，尤其是与奶酪搭配起来会十分美味。日本国内也有栽种，处理的时候需谨慎一些。

2.4 现今已普及开来的51种香料

做一顿拿手好菜时，少不了香料的帮助。

香料可以让一桌精心烹饪的大餐显得更加华丽。

下面向读者介绍用在不同生活场景中的各种各样的香料。

索引

牛至
Oregano

意大利菜肴中必不可少的带有强烈香味的香草。

资料

别称	比萨草、蘑菇草
可利用部位	叶子、花穗
科名	唇形科
原产地/产地	地中海沿岸
推荐使用的菜肴	烤羊肉/意大利肉酱/辣味豆/炖牛肉

» 新鲜的牛至叶

在公元前4000年前，被用于制作木乃伊的牛至被认为是最早的香料（用于制作木乃伊的香料还有墨角兰、孜然、茴香等）。古罗马的菜谱中将牛至描述为“可以令酱汁变得美味的香料”。到了近代，据传瑞典农民会在自制啤酒中加入牛至，以防止啤酒氧化并提高酒精度。

【种植】

牛至是一种唇形科多年生草本植物，原产于地中海沿岸地区。在日本，牛至被称作“花薄荷”，因为它能开出白色、红色、紫色的花朵。在希腊语中，牛至有“花朵的欢乐”的含义。

【特征】

牛至是唇形科中认知度较高的一种香料植物，其香味如同樟脑一般强烈，并带有少许苦味。其香味类似茴香，但比茴香的味道更强烈，甜味则不如茴香明显。

【使用方法】

牛至是意大利菜肴中必不可少的一味调料，与罗勒一起构成了意大利菜肴的基础味道。牛至非常适合搭配番茄类的菜肴，在这类菜肴中，罗勒与牛至的使用比例大约为2:1，只要加入这两种调料，就能轻松制作出正宗的“意大利味道”。

咖喱叶

Curry leaf

让咖喱香味更加浓郁，正宗印度菜中会使用的香料。

资料

别称
—
可利用部位
叶子
科名
芸香科常绿树
原产地/产地
斯里兰卡、印度
推荐使用的菜肴
咖喱

咖喱叶的味道就像在咖喱中加入了柑橘的香味，是一种叫作“咖喱树”的植物的叶子。印度南部地区、斯里兰卡等地的人们都会用咖喱叶为菜肴增香。此外，咖喱叶还能用于制作百花香（译者注：花瓣与香料混合的室内香薰），人们可通过香薰来感受香料的香气。

【种植】

咖喱树的植株高4~6米，树干直径大约为40厘米，是一种常绿树种。其叶片长度为2~4厘米，宽度为1~2厘米，边缘为锯齿状。咖喱树的果实成熟后为黑色，种子有毒性。

【特征】

印度、斯里兰卡等地的人们为了让咖喱的风味变得更加浓厚，会在咖喱菜肴中加入咖喱叶，让菜肴的味道更浓郁。干燥的咖喱叶会损失大部分的香味，但磨碎的咖喱叶却能长时间保持良好的香味。

【使用方法】

新鲜的咖喱叶如果不用油炒一下，是难以释放出香味的，所以一般都将新鲜咖喱叶当作香料与肉类或其他种类的香料一起用油炒制。磨碎的咖喱叶的用法与整片的咖喱叶相同，也可以用于给米饭或汤汁调味。咖喱叶是印度咖喱菜肴制作中必备的材料。

香薄荷
Savory

带有独特而强烈的香气，是豆类菜肴必备的调味料，有多种食用价值。

资料

别称
留兰香
可利用部位
叶子、花穗
科名
唇形科一年生草本植物
原产地/产地
欧洲东部地区、伊朗
推荐使用的菜肴
煮扁豆/炖牛肉/香草茶

香薄荷的拉丁文名据说来自希腊神话中的半人半兽——萨裘罗斯的名字。

【种植】

香薄荷有一年生的夏香薄荷和多年生的冬香薄荷两大类。作为香料来说，夏香薄荷的香味更强烈，普及度更高。

【特征】

日本把香薄荷称为树薄荷，其叶片有独特且强烈的芳香，并带有少许类似花椒的辛辣味。

【使用方法】

香薄荷被称为“配豆子吃的香草”，欧洲菜肴中经常用香薄荷来搭配扁豆、豌豆类菜肴。也可以将其打成粉末，直接撒在肉类菜肴中，与其他种类的香料一起给食材调味，起到去腥增香的作用。另外，用少量的香薄荷搭配鸡蛋也是一种不错的组合。

鼠尾草
Sage

最适合给海鲜类、肉类菜肴去腥。

资料

别称	洋苏草
可利用部位	叶子、花穗
科名	唇形科一年生草本植物
原产地/产地	欧洲南部地区
推荐使用的菜肴	香肠/烤猪里脊/鱼肝酱/炖猪肉

»新鲜的鼠尾草叶子

17世纪前后，经由荷兰商人，鼠尾草传到了中国。当时的荷兰商人用鼠尾草与中国商人交换茶叶。鼠尾草有优秀的抗氧化作用，人们会把干燥的鼠尾草冲泡成香草茶来饮用。鼠尾草的品种有很多，其还能够作为观赏植物来栽培。

【种植】

鼠尾草从种子开始栽培，一旦成长起来，就可以放置不管，它自己就能不断生长。鼠尾草可以开出紫色或白色的唇形花朵。

【特征】

作为香料使用的鼠尾草，有着樟脑般强烈的芳香，又有如艾蒿一样的新鲜的香气，带有些许苦涩味和辣味。用鼠尾草制作的精油被用在牙膏、化妆品、香水等产品中。

【使用方法】

鼠尾草适合为所有肉类食材去腥除臭。只要在炖煮的肉类菜肴里放上适量的鼠尾草，就能达到理想的去腥除臭效果。它适合给类似羊肉、动物肝脏这样带有强烈膻味的食材调味，尤其适合与猪肉香肠搭配食用。制作盐水猪肉的时候，可以在一开始把鼠尾草粉和食盐揉进猪肉中，这样就能轻松去掉肉里的腥臭味。

龙蒿
Tarragon

将香甜味和苦味巧妙地混合在一起的香草，法国菜肴中经常用到的一种调味料。

资料	
别称	青蒿
可利用部位	叶子、花穗
科名	菊科多年生草本植物
原产地/产地	欧洲、西亚地区
推荐使用的菜肴	炸鱼/烤鸡/蛋包饭/腌制海鲜的调味汁

»新鲜的龙蒿叶子

法国栽种的龙蒿有着非常美妙的香味，十分受人欢迎。制作法式蜗牛类菜肴时，龙蒿是必备的一味调料。法国市场上会销售用龙蒿制作的果醋，而法国家庭一般会把龙蒿的嫩叶放入白葡萄酒中腌制，这样可以得到一瓶简易的龙蒿果醋。

【种植】

龙蒿大致分为法国品种和俄罗斯品种。一般烹饪中用到的主要是法国品种的龙蒿。植株更粗壮的是俄罗斯品种的龙蒿。

【特征】

龙蒿的香与八角类似，在甜香味的基础上带有一些刺激性的苦味和辣味，还有点像西芹的香气，是一种备受美食家喜爱的常用香草。其味道强烈，在实际使用时要注意控制用量。

【使用方法】

龙蒿的味道强烈，只要浸泡在果醋或橄榄油中，就能制作出简易的龙蒿果醋或龙蒿油。西式泡菜及沙拉中都会用到用龙蒿制作的调味汁。制作烤肉排时加入适量的龙蒿，味道会更加诱人。

有喙欧芹
Chervil

被称作“美食之芹”的香甜香料。

资料

资料	
别称	细叶芹
可利用部位	花朵、叶子
科名	伞形科多年生草本植物
原产地/产地	欧洲、西亚地区
推荐使用的菜肴	胡萝卜沙拉/海鲜的配菜/调味汁

»新鲜的有喙欧芹的叶子

它是法国菜肴中必不可少的一味调料，清淡的香气十分受人欢迎。有喙欧芹的香味与芹菜类似，不论用在哪种菜肴中，都不会影响食材本来的风味，有“美食之芹”的美称。

【种植】

有喙欧芹为伞形科1~2年生草本植物，植株高度为30~60厘米。欧洲南部、俄罗斯南部和西亚地区都是其原产地。由于其比较耐寒，现在世界各地都有野生或人工栽培的有喙欧芹品种。

【特征】

有喙欧芹是一种叫作“Fines herbes”的复合香料的原料之一。有喙欧芹加热后香味会挥发，所以都是在新鲜的时候把它切碎使用。

【使用方法】

可以在为菜肴调味时使用有喙欧芹的嫩叶，与鱼类菜肴和鸡蛋类菜肴十分搭配。各种肉类、海鲜类菜肴中也会将其用作装饰用的配菜。如果跟奶酪和黄油混合在一起，可应用的菜肴种类则更加丰富。

细香葱
Chives

只要放一点就能让菜肴变得有地域特色，是有名的开胃香料。

资料

别称

四季葱

可利用部位

花朵、叶子

科名

鸟车生草本植物

原产地/产地

欧洲、亚洲北部

推荐使用的菜肴

蛋包饭/马铃薯沙拉/汤汁

细香葱的味道与大葱相似，在日本被叫作“虾夷葱”，日本本州的东北地区是主要栽种地。细香葱可以作为大葱的替代品，用于给菜品调味。细香葱可以在制作马铃薯冷汤或其他马铃薯类菜肴时使用，它与农家干酪、酸奶等奶制品也十分搭配。

【种植】

原产于欧洲和亚洲北部地区的细香葱，属于百合科多年生草本植物。叶片细长、中空，初夏季节会开出淡紫色的小花，和薤一样长有地下茎。

【特征】

细香葱是葱类植物中叶片最细的一种，没有葱类独有的那种臭味，但是有柔和的清香味。西餐中一般会把细香葱切碎撒在菜肴上，在调味的同时还有增进食欲的作用。

【使用方法】

细香葱的味道能给清淡的沙拉、汤汁类菜肴及鸡蛋类菜肴提味，也可以混合在蛋黄酱中或给肉类、鱼类菜肴调味。就像大葱和韭菜一样，细香葱在日本料理和中国菜中都有广泛的应用。

芫荽叶
Coriander leaf

只要一小撮就能散发出异域风味，带有独特且强烈的芳香。

资料	
别称	香菜
可利用部位	叶子
科名	伞形科一年生草本植物
原产地/产地	欧洲南部、地中海沿岸
推荐使用的菜肴	凉拌粉丝/爆炒海鲜/蒸鸡肉

»新鲜的芫荽

芫荽的叶子和果实有着完全不同的味道，叶子带有强烈且独特的香气，而其果实完全成熟后却有着与茴香类似的清爽香味。芫荽的果实和叶子干燥后即可制成香料，新鲜的芫荽通常被叫作“香菜”。

【种植】

伞形科一年生草本植物，原产于欧洲南部地区，如今已经普及到世界各地。

【特征】

芫荽不仅叶子有香味，连茎部都带有独特的香味，而味道最强烈的部位是其根部。世界各国的菜肴中都用到芫荽，泰国菜中甚至会用到芫荽的根部。

【使用方法】

芫荽是咖喱菜肴中必备的一味调料，泰国菜肴、烧烤海鲜、汤汁类菜肴都适合用芫荽来调味。芫荽还能够广泛地用在酱汁、炒菜等各种菜肴中。即使把新鲜的芫荽换成干芫荽，其香味也不会减弱，所以推荐将其用在汤面类的菜肴中。

香芹
Parsley

营养丰富，带有清爽芳香，是许多人都喜爱的香草。

»新鲜的香芹

资料
别称
欧芹
可利用部位
叶子、种子
科名
伞形科两年生草本植物
原产地/产地
地中海沿岸
推荐使用的菜肴
香芹黄油/马铃薯沙拉/烤鸡肉/蛋包饭

古希腊人并不把香芹作为食物食用，而是将其制作成环圈，献给在田径运动会上获胜的选手。据传，香芹是明治时代（1868年~1912年）初期从荷兰传到日本的，但江户时代（1603年~1868年）贝原益轩所著的《大和本草》一书中就有关于香芹的记述。

【种植】

香芹喜欢生长在向阳面、带有树荫且含水较多的土壤当中。植株高度为30~60厘米，能开出淡黄色、多花瓣的花朵。

【特征】

香芹是一种广受欢迎的香草，世界各地的菜肴中都有用到它。用于制作香料的主要是卷香芹这一品种。香芹特有的香味主要包含在其叶片中，其营养价值也很高。

【使用方法】

除了制作香芹酱，包括塔塔酱在内的诸多调味酱中都会用到香芹。此外，各种非甜味的菜肴中也都能用上香芹。香芹作为配菜时，将其撒一点在做好的菜肴上，不仅能为菜品增色，还能让菜肴的味道更加突出。

神香草
Hyssop

非常适合搭配鱼肉类菜肴，也可以用来制作香草茶或泡酒。

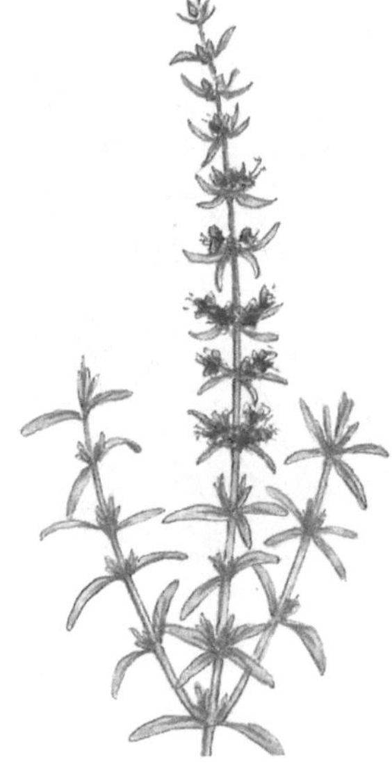

资料
别称
海索草
可利用部位
花朵、叶子、根部
科名
唇形科多年生草本植物
原产地/产地
欧洲南部
推荐使用的菜肴
烤肉糕/香草茶

神香草在日本被叫作“柳薄荷”，其拉丁语名字“hyssopus”意为“神圣的草”。

【种植】

神香草的植株高约60厘米，是多年生草本植物。夏末时节会开出穗状的蓝色花朵，叶子带有强烈的香味。

【特征】

神香草的香味近似薄荷，带有些许苦味。花朵可以用于给沙拉调味，叶子则可用于冲泡香草茶。

【使用方法】

烹饪油脂较多的鸭肉或鱼肉菜肴，制作派类的烘焙食品时，都可以用神香草来提香。神香草那略带苦味的清爽香气适合给各种油脂较多的炖煮类荤菜调味。香肠或烤肉糕中也非常适合加入神香草。冲泡香草茶时，神香草能散发出类似薄荷的香味，查尔特勒酒等利口酒也可以用神香草来提香。

胡椒薄荷
Peppermint

用途广泛、与生活密切相关的香料。

资料	
别称	椒样薄荷
可利用部位	叶子、花穗
科名	唇形科多年生草本植物
原产地/产地	地中海沿岸
推荐使用的菜肴	香草茶/蛋糕/果冻

»新鲜的胡椒薄荷

胡椒薄荷是绿薄荷和水薄荷杂交而成的。它与绿薄荷的主要成分略有不同，它比绿薄荷的清凉感更强。胡椒薄荷的叶子薄而软，烹饪调味很少用新鲜的胡椒薄荷叶，一般都会用干燥以后的叶子或将其制成无色透明的薄荷油来使用。

【种植】

胡椒薄荷的植株高约60厘米，是多年生草本植物。花朵呈唇形，叶片为带有锯齿边缘的椭圆形。

【特征】

胡椒薄荷特有的香味来自薄荷醇成分，很多唇形科薄荷属的植物都带有这种成分。但胡椒薄荷还带有清凉的芳香和能够刺激舌头的刺激感。这种独特的香味使其被广泛用于食用香料领域。

【使用方法】

干燥后的胡椒薄荷叶不仅可以用来制作羊肉类菜肴的调味汁以及给鱼类菜肴调味，马铃薯、扁豆等蔬菜也非常适合与其搭配。鸡尾酒、薄荷茶等饮品也经常使用胡椒薄荷。

墨角兰

Marjoram

为肉类菜肴提香去腥的重要调料，是“幸福的象征”。

资料	
别称	马郁草、马约兰草
可利用部位	叶子、花穗
科名	唇形科多年生草本植物
原产地/产地	地中海东部沿岸
推荐使用的菜肴	番茄炖豆子/蛋包饭/烤羊肉/蔬菜杂烩

»新鲜的墨角兰

古希腊人和古罗马人把墨角兰视为幸福的象征，当时的新婚夫妇会佩戴由墨角兰制成的花环。当时的人们还相信，如果墓上能长出墨角兰，意味着逝者能获得永恒的祝福和讴歌。墨角兰的香味和形状与牛至相似，二者经常混淆，现在已经明确了牛至和墨角兰的区别。

【种植】

墨角兰喜生长在日照充足、土壤比较肥沃的环境中，植株高度为20~60厘米。

【特征】

墨角兰是欧洲各地高度普及的一种香草。香味与百里香或牛至近似，但比百里香甜，比牛至香气强烈。

【使用方法】

墨角兰常用于给各类羊肉、鱼肉、肝脏类食材除臭去腥。鸡肉类菜肴、番茄类菜肴、香肠、炖菜、汤汁、酱汁等也会使用墨角兰调味。墨角兰还能为蔬菜类菜肴提香，在炖煮的豆类菜肴中其效果尤为出众。烹饪过程中墨角兰的香味容易挥发，推荐出锅前再加入。

柠檬草
Lemon grass

带有柠檬香味的香草，是东南亚菜肴中必不可少的调料。

资料

别称	柠檬香茅
可利用部位	茎、叶
科名	禾木科多年生草本植物
原产地/产地	印度以及亚洲的热带地区
推荐使用的菜肴	泰式酸辣虾汤/炒鱿鱼/鸡肉丸子/香草茶

»新鲜的柠檬草

柠檬草，顾名思义就是一种有柠檬香味的香草，是东南亚地区制作菜肴时常用的一种香料。现在在超市也能买到新鲜的柠檬草了。

【种植】

原产于印度的柠檬草可以生长到大约1.5米的高度，它们成片密集地生长在一起。柠檬草喜生长于日照充足、时有降雨的环境中。目前在非洲、南美洲、澳大利亚、美国的佛罗里达州和加利福尼亚州都有栽培柠檬草。

【特征】

柠檬草含有与柠檬相同的柠檬醛成分，有着如同柠檬一般的清爽芳香。

【使用方法】

柠檬草是泰国等东南亚国家的菜肴中必不可少的一味调料，泰式咖喱、泰式酸辣虾汤的风味就是由柠檬草确定的。除了可以用在炒菜中，柠檬草还可以磨碎或切丝放入高汤中，如果打成糊状也可以放在浓汤炖菜里用于调味。柠檬草与大蒜、辣椒、芫荽非常搭配，可以将这些香料一起用于给海鲜或肉类菜肴调味。

月桂

Laurier

全世界范围内较为普及的一种香料。

资料	
别称	桂冠、香叶
可利用部位	叶子
科名	樟科常绿乔木
原产地/产地	地中海沿岸东部
推荐使用的菜肴	普罗旺斯鱼汤/蔬菜炖肉/意式番茄肉酱/西式泡菜

使用这种香料所制作的菜肴

香草炒蛋
» p.164

椰香咖喱
» p.173

印度咖喱风味的炒肉末
» p.175

香草挂粉烤鳕鱼
» p.164

有一段这样的故事：一位叫作达芙妮的女神厌恶太阳神阿波罗的追求，最终变身为月桂树。古代的希腊和罗马将月桂树视为光荣的象征，从战场上凯旋的将士都会带上用月桂树叶编织的花环。

【种植】

月桂树在不同的国家有不同的叫法，但它们都指的是同一种植物。欧洲地中海沿岸地区种植的月桂的树叶形状宽而圆，而美国种植的月桂的树叶则较为细长。

【特征】

月桂是世界范围内普及度较高的一种香草，在庭院里就能栽种，培育方法十分简单。月桂叶子干燥处理后可以用于为肉类或海鲜类食材去腥，炖煮类菜肴中放入月桂叶可以增香。月桂是法国菜中必不可少的一味调料，尤其是装饰配菜中一定会用到月桂叶。

【使用方法】

浓汤炖菜等炖煮类菜肴中可以直接放入整片的月桂叶调味，如果用手揉搓叶片后再加到菜肴中，能让香味释放得更加充分。新鲜的月桂叶有苦味，但干燥以后其苦味就会减弱很多。月桂与肉类、海鲜类食材一起炖煮可以去腥提香，在上桌前最好将煮过的月桂叶从菜肴中取出。

香旱芹
Ajowan

辣味咖喱的固定搭配，印度菜肴中的必备香料。

资料
别称
野生芹籽
可利用部位
种子（植物学上的果实）
科名
伞形科
原产地/产地
北非、印度
推荐使用的菜肴
生切白身鱼/西式泡菜

香旱芹原产于北非和亚洲的北部地区，现在却很难在印度以外的地方找到它。在印度菜，特别是咖喱中，香旱芹是必不可少的。

【种植】

香旱芹是伞形科的香料植物，植株成熟后将其整体收割下来倒置，干燥后收集其种子。香旱芹的植株形态与野生的香芹类似。

【特征】

在印度菜肴的制作中，经常会将香旱芹种子磨成的粉与其他香料混合在一起使用。如果找不到香旱芹，多数时候可以用百里香来替代。

【使用方法】

虽然西餐中很少用到香旱芹，但正宗的印度菜中却要经常用到。根据烹饪方法的不同，香旱芹籽有时会被磨成粗粒，有时则会被打成粉末。由于香旱芹带有强烈的刺激性味道，很多辣味菜肴或膨化食品都会用其进行调味。

茴芹
Anise

不仅可用于制作糕点，茴芹是一种适合与一切菜肴搭配的香甜味香料。

资料
别称
大茴香
可利用部位
种子（植物学上的果实）
科名
伞形科一年生草本植物
原产地/产地
埃及、希腊
推荐使用的菜肴
曲奇/蛤蜊浓汤/法式调味汁

公元前4000年，古埃及的王侯贵族为了保存遗体，会使用茴芹作为防腐剂。到了中世纪，随着茴芹的普及，英国从14世纪开始也用上了这种香料，最终茴芹在全世界普及开来。目前茴芹在世界各国都有栽培。

【种植】

茴芹是一种高30~40厘米的一年生草本植物，植株形态十分美丽，有着鲜绿色的羽毛状叶片，能开出白色的小花。茴芹的种子（茴芹籽）可以加工成粉末、精油。

【特征】

茴芹的香味中带有些许甜味，与甘草有些类似，其椭圆形的种子里带有香味成分。印度地区的人们把这种香味成分提取出来，制成了古龙香水，十分受人欢迎。

【使用方法】

茴芹可以用来给饼干、蛋糕、面包等烘焙食品调味。减少搭配的砂糖用量后能充分释放出茴芹的香味，其甜味成分还能被用来制作药片的糖衣。另外，奶油炖菜、法式海鲜高汤也会用到茴芹。从茴芹籽中提取的精油还可以给开胃酒、利口酒调味。需要注意的是，茴芹籽的香味会随着时间而逐渐挥发，所以每次用的时候只取所需用量即可。

葛缕子
Caraway

作为糕点用香料在欧洲广泛使用。

资料

别称

姬茴香

可利用部位

果实

科名

伞形科两年生草本植物

原产地/产地

欧洲东部、亚洲西部

推荐使用的菜肴

德式酸菜/番茄炖牛肉/黑麦面包/苹果派

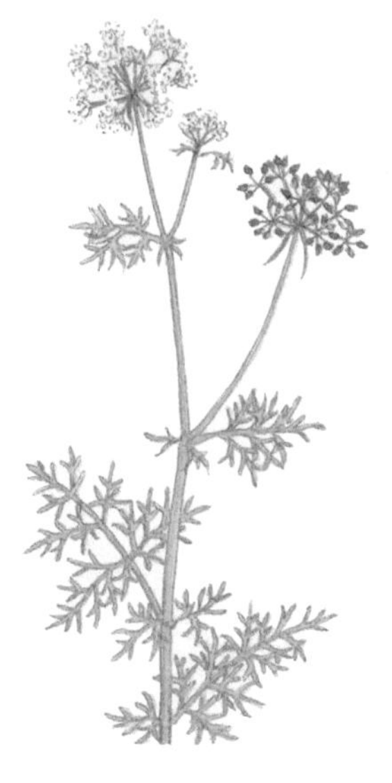

人们会在家畜的饲料中混合葛缕子。现如今，鸽子饲料中仍会加入一些葛缕子。

【种植】

葛缕子是伞形科草本植物，植株可以长到30~60厘米高。其叶子与胡萝卜叶子的形状相似，可以生食。葛缕子的种子能作为香料使用。由于果实长得像种子，所以葛缕子通常会被称作葛缕子籽。

【特征】

葛缕子有着爽朗的芳香，咀嚼后能尝到柔和的甜味和些许苦味。这两种味道的主要成分是羧酸和苧烯。

【使用方法】

葛缕子是德式酸菜（盐腌卷心菜）、匈牙利的传统炖牛肉等菜肴必备的调料。黑麦面包和奶酪也经常用其调味。葛缕子磨成粉末后可以为蛋糕、曲奇、饼干等糕点提香。因为与苹果非常搭配，所以葛缕子也是烤苹果派的最佳香料。

青豆蔻

Green cardamon

咖喱类菜肴中必不可少的香料，除臭去腥的最佳选择。

资料

别称	小豆蔻、印度豆蔻
可利用部位	果实
科名	姜科多年生草本植物
原产地/产地	印度
推荐使用的菜肴	西式泡菜/咖喱/烤肉糕/奶茶

使用这种香料所制作的菜肴

青豆蔻酱
» p.132
香料奶茶
» p.170
热红葡萄酒
» p.171
红酒糖水梨
» p.171
椰香咖喱
» p.173
姜黄饭
» p.174
印度咖喱风味的炒肉末
» p.175
玛萨拉茶风味的法式吐司
» p.170

青豆蔻原本是一种产自东方的香料，却在古希腊、古罗马时代的欧洲地区普及开来。当时欧洲将其作为烹饪食材的主要香料使用。

【种植】

青豆蔻是姜科多年生草本植物，植株高度为2~5米，能长出短花茎，花开后会结出椭圆形的小果实。其果实中有10~20个深褐色的种子。

【特征】

在豆蔻中，青豆蔻有着“香味之王”的美称。其香味强烈，带有少许刺激性，是咖喱粉的主要原料之一。青豆蔻果实的外皮基本没有味道，里面的种子根据成熟度不同，香味也有不同。青豆蔻是仅次于藏红花的高价值香料。

【使用方法】

虽然青豆蔻是咖喱类菜肴中必备的调料，但它也常被用在汉堡肉、烤肉糕等菜肴中。另外，将青豆蔻磨成粉后，可以在咖啡、红茶及酒中加入少许来提香。

芫荽
Coriander

正宗印度菜中也会使用的香料。

资料

资料	
别称	香菜
可利用部位	果实
科名	伞形科一年生草本植物
原产地/产地	地中海东部地区
推荐使用的菜肴	咖喱/醋腌白身鱼/烤虾

使用这种香料所制作的菜肴

炒秋葵
» p.158

科伦坡咖喱茄子
» p.158

简易家常塔吉菜
» p.167

香煎旗鱼
» p.167

椰香咖喱
» p.173

印度咖喱风味的炒肉末
» p.175

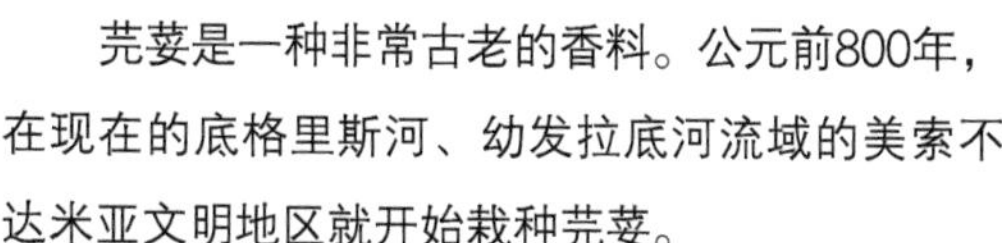

芫荽是一种非常古老的香料。公元前800年，在现在的底格里斯河、幼发拉底河流域的美索不达米亚文明地区就开始栽种芫荽。

【种植】

芫荽原产于地中海东部地区，该地区自古以来就把芫荽作为一种食物。芫荽植株高约25厘米，叶子和茎部具有独特的芳香，成熟后的果实有类似柠檬的香味。

【特征】

英语“Coriander”一词通常指芫荽的种子，其叶子在中国被称作“香菜”，而泰国语里则叫作“帕库奇”。芫荽喜在日照充足、湿润的土壤中生长，热带地区生长的芫荽比温带地区的芫荽更大、更甜，香味也更浓。

【使用方法】

芫荽的种子微甜，味道类似于柑橘，可以用来作为西式泡菜的调料，打成粉末后还可以添加到香肠等肉类菜肴中用于调味。叶子用盐腌制后可以给菜肴提香。

杜松子
Juniperberry

带有强烈的香甜味，是制作杜松子酒必备的材料。

资料
别称
杜松、杜松果
可利用部位
果实
科名
柏科
原产地/产地
克罗地亚、美国
推荐使用的菜肴
腌牛肉/红酒炖猪肉

杜松子的果实（杜松果）从开花到结果、成熟需要2~3年的时间。其枝叶很少用于食用，美洲原住民会将杜松子作为熏香使用。

【种植】

杜松子是原产于欧洲地区的柏科常绿灌木，是少有的能在温带地区栽培的香料植物，带刺的圆形果实是其可利用的部分。果实大小与豌豆类似，越是温暖的地区栽种的杜松子，其香味越强烈。

【特征】

杜松子有防止乳制品变质的作用，有强烈的香甜味，类似于水果和松脂的味道。同时杜松子也是蒸馏杜松子酒时必备的材料。杜松子酒独特的味道就来自杜松子的果实。

【使用方法】

在制作火腿、培根等肉制品时，将杜松子和胡椒等香料与食材一起腌制，可以起到为食材提香并增加独特香味的作用。杜松子的味道与一些口味较重的肉类菜肴，如鱼肝酱、法式馅饼等非常搭配，也经常与月桂叶、大蒜、茴香一起使用。

盐肤木
Sumac

带有令人舒畅的酸味，是一种常用香料。

资料

别称
漆树
可利用部位
果实
科名
漆树科
原产地/产地
中东地区、意大利西西里多、土耳其
推荐使用的菜肴
炖煮豆子/蒸鸡肉/调味汁

据记载，古罗马时代的欧洲人在知道柠檬可以食用之前，都是从盐肤木的果实中获取酸味的。另外，北美洲的原住民会用盐肤木的一个近似品种，名为“Rhus glaba”的红色果实制作酸味饮料。盐肤木在日本很少见，但其在中东地区是一种不可缺少的香料。

【种植】

盐肤木在中东地区分布广泛，会结出穗状的砖红色果实。其果实颗粒呈圆形，可以打成粉末使用。

【特征】

盐肤木的果实味道类似于腌梅干，制作成果茶后能给人带来如同柠檬一般的舒畅的酸味。虽然味酸，但没有刺激性。

【使用方法】

黎巴嫩人和叙利亚人会用盐肤木的果实为鱼类菜肴调味，伊拉克人和土耳其人则会将其用在沙拉中。将盐肤木果与洋葱、酸奶、青豆混合在一起，可以在烤鸡肉前作为鸡肉的腌料使用。也可以将盐肤木果实磨成的粉撒在鸡蛋类或豆类菜肴上。由于盐肤木跟酱油的味道也很搭配，所以在日本料理中加上一点，就能轻松制作出具有异域风味的日本料理。

西芹
Celery

为煎烤的肉类、海鲜类菜肴增加风味。

资料
别称
香芹
可利用部位
果实
科名
伞形科
原产地/产地
中东地区、意大利西西里岛、土耳其
推荐使用的菜肴
炖煮豆子/蒸鸡肉/调味汁

考古发现，在古埃及第十八王朝的法老墓穴中发现了用野生西芹编织的花环。

野生西芹是一种欧洲海边湿地很常见的植物。尽管野生西芹有强烈的苦味，但它还是被用来调味。到了大约17世纪，意大利园艺师对野生西芹进行了改良，培育出了现在人们熟知的西芹品种。

【种植】

西芹会在夏天开出淡黄色的花朵，花落后会结出绿色的种子。

【特征】

西芹籽带有典型的青草味和些许苦味，不过仔细品尝后还能感受到与香芹或肉豆蔻类似的甜味。日本将西芹称为“荷兰三叶草”，将其用于烹饪也是最近这些年的事了。

【使用方法】

西芹籽与蔬菜类菜肴非常搭配。作为香料使用时，其可以与青菜类食材混合，能抵消蔬菜的苦涩味。西芹籽还适合为煎烤的肉类、海鲜类、番茄酱、意式番茄肉酱等菜肴提味。如果将其添加到泡菜料汁中，能做出独具特色的味道。把西芹籽与食盐混合在一起，能够得到带有香味的食盐，请一定要试试。

酸豆
Tamarind

酸豆泡出的酸甜汤汁可以作为柠檬汁来使用。

资料

别称
罗望子
可利用部位
果实
科名
豆科
原产地/产地
非洲
推荐使用的菜肴
海鲜汤/青番木瓜沙拉

酸豆是一种在印度分布广泛的植物，但据说其原产地在非洲，也有人认为它就是产自南亚地区。

【种植】

酸豆树广泛栽种在热带地区，是一种能长到20米高的常绿乔木。其叶片长度为15~20厘米，呈羽毛状排列。花朵直径为3厘米，基本为黄色，花瓣上带有橙色或红色的脉络。结出的豆荚长度为10~15厘米，厚度为大约2厘米。

【特征】

酸豆有着怡人的酸甜芳香，南亚和西亚地区的人们都会用它来制作酸辣酱或咖喱。目前西印度群岛栽种的酸豆树较多，其也是墨西哥菜肴中必备的一种香料。

【使用方法】

将若干半干燥的酸豆荚捏破，放在热水中浸泡10分钟后，就可以得到像柠檬汁那样的酸味的汤汁。除了在海鲜类和鸡肉类菜肴中经常用到外，日本料理中的米类菜肴、甜点及伍斯特酱汁中都会加入酸豆来调味。

莳萝·莳萝籽

Dill·Dill Seed

与生食的鱼肉菜肴非常搭配，像羽毛一样柔软的叶片带有柔和的芳香。

资料	
别称	土茴香
可利用部位	果实
科名	伞形科一年生草本植物
原产地/产地	欧洲南部、亚洲西部
推荐使用的菜肴	生切白身鱼/醋腌鲱鱼/法式调味汁

使用这种香料所制作的菜肴

包含马苏里拉奶酪、三文鱼、莳萝的沙拉

» p.130

莳萝籽

莳萝

莳萝作为草药，自古以来被广泛种植于欧洲、北非、亚洲等地区。在英国和古罗马的古迹中也有莳萝出土。

【种植】

莳萝是一种耐寒性强、适应性强的植物，喜生长在湿润温暖的土壤环境中。其植株高80~120厘米，叶片为绿色的长羽毛形。世界各地都有栽种。

【特征】

莳萝籽带有爽朗的香甜和少许刺激性味道，适合为菜肴调味。如今莳萝已经成为欧洲人生活中常见的一种香料。

【使用方法】

莳萝籽带有清凉感，味道与葛缕子类似，可以给糕点提香。莳萝的叶子可以用在烤面包或汤类菜肴中，也可以拌在沙拉中。将叶子切成细丝与鱼类菜肴或酸味菜肴一起食用也非常美味。

干番茄
Dry tomato

将番茄的美味浓缩起来，使其轻松成为味道出色的香料。

资料

别称	番茄
可利用部位	果实
科名	茄科
原产地/产地	地中海沿岸
推荐使用的菜肴	马铃薯沙拉/蛋包饭/汤汁/调味汁

使用这种香料所制作的菜肴

香草奶油奶酪贝果
» p.168

爽脆苹果拌萝卜
» p.149

现如今，干番茄在日本是一种十分流行的食材。干番茄保留了鲜番茄特有的酸味和甜味，味道比鲜番茄更浓，能够品尝到更加浓厚的番茄香味。干番茄可以泡在橄榄油中做成罐头，也可以用盐腌制，还可以直接使用甚至打成粉末。此外，自己在家中也可以手工制作干番茄。

【种植】

在日本栽种的番茄是到了冬天就会枯萎的一年生草本植物，但在热带地区却是多年生植物。其植株高度可以达到8~10米，能结出红色的果实。

【特征】

番茄的酸甜味在干燥后会被浓缩起来，采用日晒的干燥处理方法能让干番茄的营养价值更高。

【使用方法】

以意大利菜为代表，番茄被广泛运用在各种菜肴中。除了为意大利面、意式烩饭、比萨等菜肴调味，干番茄还可以作为装饰配菜，尤其是加入到汤类或浓汤炖菜中，可以在为菜肴提味的同时使其更具观赏性。也可以把干番茄打成粉末撒在菜肴上，还可以用剪刀把干番茄剪成适当大小，用热水泡发后食用，将其作为下酒小菜也是不错的选择。

香荚兰
Vanilla

世界范围内的香甜味之王。

资料
别称
香草兰
可利用部位
果实（豆荚）
科名
豆科
原产地/产地
墨西哥
推荐使用的菜肴
冰激凌/布丁/糖水水果

1520年，西班牙人将黑色香荚兰的豆荚磨成粉，与蜂蜜和可可粉混合在一起制成了世界上最初的巧克力。1874年，人工合成的香草醛成了制作巧克力的主要添加剂。现在，用天然香荚兰制作的糕点又流行起来，其独特的柔和香甜味道是主要卖点。

【种植】

香荚兰是能长到大约10米高的常绿藤蔓植物。刀鞘形的果实在没成熟呈绿色时就需要采摘了。

【特征】

香荚兰刀鞘形的豆荚是可以作为香料使用的部分。但刚采摘下来的豆荚没有任何香味，发酵后会变成深褐色，这时香甜味才会散发出来。天然香荚兰的豆荚需要人工采摘，所以其价格会比较高。

【使用方法】

冰激凌、蛋奶冻、布丁、蛋糕、巧克力等甜点中都会添加用香荚兰制成的香料。如果用刀尖在香荚兰的豆荚上划几下，把里面的种子取出，就可以将香荚兰混合在牛奶或鲜奶油中食用了。果子露等饮料中也会使用香荚兰，这是世界各地广泛使用的一种香料。将剔除种子的香荚兰豆荚放入砂糖中，就能得到一罐香草糖。

香豆子
Fenugreek

独具风味的香气和苦味使其成为咖喱粉和印度酸辣酱的原料之一。

资料

别称

葫芦巴

可利用部位

果实

科名

豆科一年生草本植物

原产地/产地

西亚、欧洲东南地区

推荐使用的菜肴

咖喱

香豆子是最古老的人工栽培植物之一，古埃及陵墓中就曾发现过香豆子。

【种植】

香豆子是原产于亚洲地区的豆科一年生草本植物。将其豆荚内的种子进行干燥处理后，就可以作为香料使用。印度及中东地区的人们还会直接食用香豆子的种子。

【特征】

香豆子主要用于制作咖喱粉和印度酸辣酱。由于其独具特色的清淡香气，很多日式咖喱粉也会将其作为原料。把香豆子的种子磨成粉后，其带有焦糖或槭树糖浆的那种微苦味，还带有类似于西芹的芳香。

【使用方法】

用作咖喱粉的原料时，可以先将香豆子轻度干炒一下，会使其增添一种类似于太妃糖的甜香味。如果不喜欢香豆子的味道，可以把它放入煮沸的烈酒中，取出后进行干燥处理即可去掉其原本的味道。

茴香
Fennel

甜香的味道非常适合为鱼类菜肴调味，被称为“鱼的香草”。

资料	
别称	小茴香
可利用部位	种子（植物学上的果实）
科名	伞形科多年生草本植物
原产地/产地	地中海沿岸
推荐使用的菜肴	三文鱼刺身/香烤白身鱼/西式泡菜

» 新鲜的茴香

茴香一词的英语名称来自其拉丁语名“Foenum”，意为“芳香的枯草”，这是因为茴香黄绿色的茎看起来像已经干枯了一样。最近日本的市场上整颗销售的茴香越来越多了。

【种植】

茴香的原产地在地中海沿岸地区，其植株高度能达到1~2米。茴香喜生长在日照充足、湿润的环境中，能开出黄色的小花。

【特征】

茴香的香味和品种会根据产地的不同而有所不同。其干燥后的种子有与茴芹类似的甜香味和些许苦味，适合与鱼类菜肴搭配。在欧美地区，茴香被誉为“鱼的香草”，是欧美家庭经常用到的一味调料。

【使用方法】

茴香的种子可以直接或在打成粉末后在烹饪时使用，鱼类菜肴、调味酱汁、葡萄酒奶油汤（烩鱼用）、盐腌鱼、生鱼刺身等菜肴都会用到它。此外，茴香还可以给苹果派、汤汁、肉类菜肴、利口酒、苦艾酒等菜品或饮品提香，它还是印度咖喱粉的主要原料之一。

棕芥末

Brown mustard

带有独特的辛辣味，是一种深入人们饮食生活的香料。

资料

别称	芥子
可利用部位	种子
科名	十字花科一年生草本植物
原产地/产地	印度
推荐使用的菜肴	炒土豆/炒大虾

使用这种香料所制作的菜肴

自制芥末酱

» p.132

【种植】

芥末喜日照充足、土壤肥沃的环境。其植株可以长到1~1.5米的高度，直立的茎上长有锯齿状的叶片。

【特征】

芥末自古以来就与人们的生活息息相关，使用方法也是多种多样。棕芥末看起来与黑芥末很像，但前者的辣味较弱，产量也比黑芥末多，世界各地都有销售。棕芥末的颗粒比白芥末小，其花朵为淡黄色。

【使用方法】

如果把棕芥末籽放在口中咀嚼，先尝到的是苦味，随后刺激性的辣味便会在口腔中扩散开。印度南部的特色菜肴中必定会用到棕芥末，制作时要先用热油煎炒棕芥末，使其出现像坚果一样的味道后再使用。

黑豆蔻
Black cardamon

印度菜肴中必不可少的、香味丰富的香料。

资料

可利用部位	果实
科名	姜科
原产地/产地	斯里兰卡、印度南部
推荐使用的菜肴	姜烧猪肉/圆白菜卷肉馅/照烧鰤鱼/姜汁汽水

【特征】

黑豆蔻果实的颗粒比青豆蔻大，呈茶色。不过青豆蔻与黑豆蔻的香味和植物属性是不同的。作为印度菜肴中必备的香料之一，加拉姆玛萨拉等复合香料以及酸奶奶昔、奶茶等饮品中都会加入黑豆蔻。

黑孜然
Black cumin

印度及欧洲菜肴中必备的香料。

资料

可利用部位	种子（植物学中的果实）
科名	伞形科
原产地/产地	巴基斯坦、印度
推荐使用的菜肴	咖喱/煎烤牛肉/炒蔬菜

【特征】

黑孜然的植株高度大约为60厘米，其月牙形的种子呈黑棕色，带有类似糖炒栗子的味道。它是日本市场中较少见的一种香料。与咖喱中关键香味的来源——孜然有着完全不同的香味。黑孜然在南亚和西亚地区是很常见的香料，比香芹的普及率高。

白芥末

White mustard

带有独特的辛辣味，是深入日本人饮食生活的香料。

资料
别称
白芥子
可利用部位
果实
科名
十字花科一年生草本植物
原产地/产地
欧洲、北美地区
推荐使用的菜肴
西式泡菜/香肠/烤鸡肉

白芥末是与日本人的饮食生活关系密切的香料之一。其拉丁语名称“Mustum ardens”，意为“燃烧的番茄”在中世纪的欧洲，芥末是仅有的能在普通民众阶层普及的香料。

【种植】

芥末是一年生草本植物，能开出黄色的小花。白芥末的植株高约80厘米，喜生长在密度较高的黏土环境中。

【特征】

白芥末籽呈浅土黄色或黄色，其颗粒比黑芥末、棕芥末大，辣味没那么强烈。整粒的白芥末闻不到任何味道，需要将其打成粉才能使用，非常耐储存。

【使用方法】

把一粒白芥末放入口中咀嚼，最初尝到的是甜味，之后就能感受到柔和的辣味。将白芥末籽泡水10分钟后碾碎，可以充分释放其辣味。白芥末适合给冷盘肉、奶酪及非高温菜肴的调味汁提香。最近法国开始流行吃日本料理，这使白芥末在法国也逐渐受到欢迎。

花椒·四川胡椒

Sichuan pepper

带有能瞬间麻痹舌头的锐利辛辣味。

资料

别称	中国山椒、蜀椒
可利用部位	果实
科名	芸香科
原产地/产地	东亚
推荐使用的菜肴	麻婆豆腐/炸鸡块/炖豆腐/担担面

使用这种香料所制作的菜肴

中国风味泡菜
» p.131

花椒与日本的山椒同为芸香科花椒属植物。这两种植物虽然不同，但其共同点是都带有柑橘系植物的清爽芳香及刺激舌头的辛辣味。

【种植】

花椒的植株可以长到大约3米高，为落叶乔木。与山椒相同，花椒也分为雄株和雌株。可以作为香料使用的部分是干燥后的果实外皮。

【使用方法】

与日本的山椒相比，花椒的辣味较强。川菜当中的“麻”，就来自花椒。中国的复合香料“五香粉”的材料之一就是花椒。将花椒粉与食盐混合在一起，可以用于给油炸食品调味。

非洲豆蔻
Maniguette

同时拥有胡椒的辣味和柠檬的芳香的“魔幻胡椒”。

资料

别称

椒蔻、天堂椒

可利用部位

果实

科名

姜科

原产地/产地

科特迪瓦

推荐使用的菜肴

马铃薯冷汤/炖茄子/白葡萄酒蒸鱼

世界范围内的一种稀有香料，有着“魔幻胡椒”“天国的种子”“天堂椒”等各种不同的称呼。据传16世纪的英国女王伊丽莎白一世就非常喜欢这种香料。

【种植】

非洲豆蔻是姜科植物，作为香料的部分是其种子。其香味与豆蔻类似，不过跟豆蔻却是完全不同的植物。豆蔻为黑色，种子有毒。

【特征】

带有如同胡椒般的辛辣味，也有像柠檬一样的柑橘系植物的清爽芳香。

【使用方法】

肉类菜肴、汤汁、甜点等各种食材都能用到非洲豆蔻。其与胡椒的用法相同，可以放在研磨器中磨碎，撒在肉类菜肴或意面上。在其原产地西非地区，人们经常会用其为马铃薯菜肴调味，不少餐馆也会用其为鸭肉类菜肴提香。

火葱

Échalote

些许甜味是其独特芳香的基础，经常被用于制作创意菜肴。

资料

别称	红葱头
可利用部位	鳞茎
科名	百合科多年生草本植物
原产地/产地	中东地区
推荐使用的菜肴	马铃薯沙拉/番茄汤

使用这种香料所制作的菜肴

马来炒饭
» p.146

火葱是在大约距今2000年以前出现的洋葱变种植物，欧洲人自古以来就会种植这种植物。也有说火葱是十字军东征时从中东地区带回欧洲的，但并不确定。火葱鳞茎的外皮颜色与洋葱头类似，也确定了其确实是洋葱的变种。在日本由于叫法的关系，人们容易把火葱跟辣韭搞混，而辣韭又是另一种植物了。

【种植】

火葱是百合科多年生草本植物，其鳞茎部分可以食用。

【特征】

火葱看起来像小一些的洋葱，结构和大蒜一样是分瓣的，带有独特的香甜味。法国和意大利的菜肴中经常会用到这种带有些许甜味和辛辣味的香料。

【使用方法】

通常会直接食用生的火葱，不过干燥后的火葱带有些许甜味，可以用来拌沙拉，也可以用来给汤汁调味，或作为装饰配菜。还可以切碎后将其混合到面浆中制作挂浆炸鱼。根据使用方法不同，火葱有各种创意吃法。

姜黄
Turmeric

咖喱粉的主要原料，是豆类菜肴必备的香料。

资料	
别称	郁金
可利用部位	鳞茎
科名	姜科多年生草本植物
原产地/产地	亚洲热带地区
推荐使用的菜肴	咖喱/姜黄米饭/炒鹰嘴豆/越南煎饼

使用这种香料所制作的菜肴

咖喱酸奶酱
» p.132

科伦坡咖喱茄子
» p.158

炒秋葵
» p.158

西班牙海鲜饭
» p.162

马铃薯沙拉
» p.162

椰香咖喱
» p.173

姜黄饭
» p.174

印度咖喱风味的炒肉末
» p.175

马可·波罗在旅行目的地发现了姜黄，并留下了“果实与藏红花相似，却是完全不同的种类，可以作为藏红花的替代品”的记录。姜黄在交易过程中是没有经过加工的状态，在消费地以粉末状态出售。东亚各国在过去很长一段时间都把姜黄作为染料使用。

【种植】

姜黄是一种适应性很强的植物，其植株高度约1米，叶片较大，能开出穗状的花朵。

【特征】

姜黄别名郁金，处理的时候把其根部放在水中煮一下，然后晒干即可。作为咖喱粉的主要原料，姜黄可以让咖喱的味道更柔和，并带有些许苦味和诱人的香味。此外，姜黄还可以用来为布料染色。

【使用方法】

印度的全素菜肴中经常会用姜黄调味，尤其是豆类菜肴必定会放入姜黄。姜黄与大米一起烹煮就能制作出姜黄饭。其与鱼类、牛肉、鸡肉类菜肴非常搭配。另外，黄油、奶油炖菜、调味汁、调味酱也会用姜黄来调味。日本的腌萝卜、中式泡菜也会用到姜黄。

辣根
Horseradish

带有冲鼻的辛辣与清爽的芳香，是肉类菜肴的好伴侣。

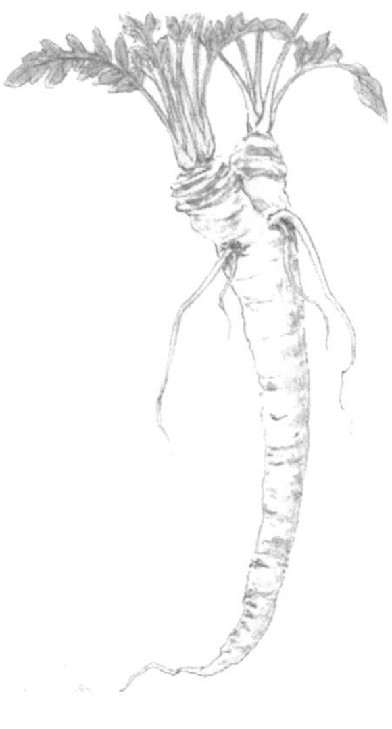

资料

别称
西洋山葵、马萝卜、山葵萝卜
可利用部位
根茎
科名
十字花科多年生草本植物
原产地/产地
芬兰
推荐使用的菜肴
低温牛排

日本人将辣根称为“西洋山葵”。据说在欧洲中世纪时，只有德国将其作为食用香料使用，因此在法国，辣根也被称作“德国芥末”。日本的辣根是从美国传过去的，现在日本的河流两边的湿地都有自然生长的辣根。

【种植】

辣根喜生长在肥沃、低温的土壤环境中，根部为白色，长度大约为30厘米。越靠近根尖位置越细，有分叉。

【特征】

辣根的用途广泛，也是适合家庭栽培的一种植物。冲鼻的辛辣和清爽的香气是辣根的特色所在。近些年来其在中国餐桌上的普及度越来越高。

【使用方法】

由于辣根适合与肉类菜肴搭配，低温牛排、烤牛排、香肠等菜肴都会用其调味。常见用法是将其根部磨碎，添加到菜肴中。有些果汁、奶油、醋中也会加入辣根，调味的酱汁中也有使用辣根的。日本市场上的辣根泥会被装入软管中销售。

甘草

Licorice

甜度比白糖高得多的植物。

资料

别称
甜草根
可利用部位
根部
科名
豆科多年生草本植物
原产地/产地
小亚细亚地区、中国
推荐使用的菜肴
糖果/香草茶

甘草中含有甘草酸成分，其甜度是白糖的150倍，因此它会被当作甜味剂用来制作糖果、利口酒等食品或饮品。将甘草熬煮过后的汤汁固化以后就可以制成糖果。

【种植】

从欧洲南部的西班牙到中国西部地区都生长有野生的甘草和人工种植的甘草。其植株细长，叶片很小。

【特征】

甘草有“甜味的草根”之意，广泛在欧洲地区栽培，尤其是意大利。由于其甜度是普通白糖的150倍，以前它就被当作甜味剂用在各种食品中。

【使用方法】

甘草可以为啤酒或利口酒增添独特的风味，一些卷烟中也会用甘草来增添其独特的味道。

橙皮
Orange peel

些许的酸味与果香能够使精神放松，与红茶非常搭配。

资料	
别称	—
可利用部位	果皮
科名	芸香科常绿乔木
原产地/产地	亚洲、美洲
推荐使用的菜肴	煎烤鸡肉/水果蛋糕

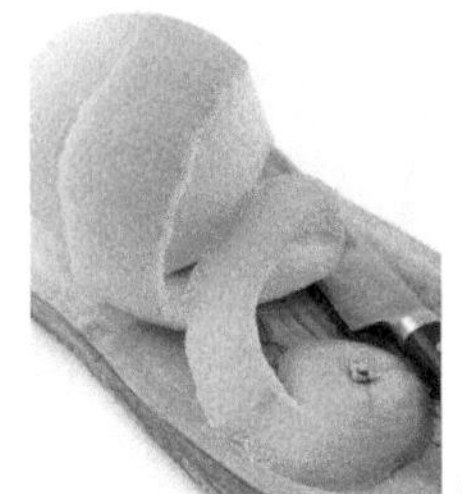

» 新鲜的橙皮

橙子在梵语中叫作“naranga（橙子树）”，在阿拉伯语中叫作“narandj”，而在古代法语中则写作“orenge”。橙子的果皮干燥处理后就可以作为香料使用。与制作糕点用的需要加糖的材料不是同样的材料，据说原产于印度阿萨姆地区。日本则是明治时代（1868年~1912年）开始引入橙子，目前美国、巴西、意大利、墨西哥等不少国家都是橙子的主要产地。

【种植】

橙子的果皮和果肉都为橙色，果肉中富含果汁，是酸甜适度、芳香度很高的一种水果。

【特征】

橙皮干燥处理后具有优秀的镇静效果，与红茶冲泡在一起，可以增加红茶的香味。

【使用方法】

橙皮所带有的香甜味道比其他香草更加适口，适合冲泡茶饮。其带有轻微的酸味和苦味，与果香味很好地搭配了起来，能冲泡出清爽的香草茶。另外，它也是咖喱粉必备的原料之一。

山椒

Japanese pepper

日本饮食生活中最普及的香料之一。

资料

别称

树芽

可利用部位

果皮、叶子

科名

芸香科落叶乔木

原产地/产地

中国、日本、朝鲜半岛

推荐使用的菜肴

山椒鱼干/照烧鰤鱼/烤鳗鱼

就像《魏志倭人传》记述的那样，山野中自然生长的山椒是日本饮食生活中最古老的香料之一。

【种植】

山椒是芸香科落叶乔木，分雌株和雄株。不仅叶子和果实有香味，其枝干都带有强烈而独特的香味，果皮带有强烈的麻辣味。

【特征】

山椒不仅果皮有味道，其嫩果、嫩叶甚至嫩枝都能为菜肴提香增色。另外，山椒雄株开出的黄色花朵也能作为香料使用。一些较古老的品种的山椒叶子根部有左右对称的尖刺，现在主要栽种的改良的品种上已经没有这些尖刺了。

【使用方法】

山椒果实的外皮干燥后磨成的粉和酱油的味道非常搭配，是烤鳗鱼、酱烤鸡肉串等菜肴必备的一味调料。日本的七味辣椒粉中的一味即为山椒粉，与中国菜中常用的花椒是不同的调味料。

日本香橼
Japanese citron

日本自古以来就栽种的历史悠久的柑橘类植物。

资料	
别称	文旦、香栾等
可利用部位	果皮
科名	芸香科常绿乔木
原产地/产地	中国
推荐使用的菜肴	醋拌菜/香橼茶/煮芋头/香橼醋

» 新鲜的日本香橼果实

日本种植香橼的历史很久远，从飞鸟（593年~710年）、奈良时代（710年~794年）就开始了。不论是产量还是销量，日本都是最多的，主要用于提取香味。

【种植】

香橼是芸香科常绿乔木，初夏开花，夏季可以采摘未成熟的绿色果实。11月开始，就可以收获成熟的黄色果实了。香橼很耐储存，前一年年末收获的果实，到第二年春季依然能在市场上买到。

【特征】

香橼自古以来就是日本人会用的香料之一。日本的七味辣椒粉中的一味就是香橼皮，此外还会用香橼皮、辣椒、食盐制作香橼椒调料。香橼椒调料分为绿色和红色两种，分别使用未成熟的青香橼与青辣椒，成熟的黄香橼和红辣椒混合制作而成。

【使用方法】

香橼的香味主要来自其果皮，高汤、味噌酱、醋拌菜、腌菜、乌冬面、荞麦面等菜肴都会用香橼皮做配菜或用它来提香，其使用范围非常广泛。香橼也会被制成果酱。从江户时代（1603年~1868年）开始，日本人就有在冬至时节泡香橼澡的习俗，这个习俗一直延续至今。

四合香料
Quatre epice

传统法国菜所用的由4种香料混合而成的调料，用于给食材除臭去腥。

资料

原产地/产地	法国
推荐使用的菜肴	黄油面拖鱼/法式猪肉馅饼/田园陶罐菜/面包

据说四合香料并非是欧洲某个国家生产的香料，而是由不同的厨师自己搭配出来的。尤其是在法国，使用四合香料的菜肴一般都是传统菜肴。法语中“Quatre”是数字4，“Epice”是香料，两个单词合起来就是用4种香料混合而成的意思。其通常由肉桂、丁香、肉豆蔻、姜或白胡椒混合而成。

【特征】

四合香料中肉桂、丁香、肉豆蔻的配比基本是等量的。

【使用方法】

除了传统的法国菜肴，炖煮类菜肴、面包、陶罐菜及内脏类菜肴在烹饪过程中都会用到四合香料。此外，这种香料还会被用于给火腿、香肠、面包和蛋糕调味。

坦都里玛萨拉

Tandoori masala

能够轻松制作出正宗的坦都里菜肴，在家中也能方便使用的复合香料

资料

原产地/产地	印度
推荐使用的菜肴	烤鸡翅/炒马铃薯/鹰嘴豆沙拉

【特征】

主要用于给印度坦都里菜肴调味的玛萨拉。坦都里一词指的是用于烤制馕、肉类食品的壶形炉具，“玛萨拉”是一种复合香料。将玛萨拉与水或酸奶、牛奶混合，加上切碎的苹果等材料，腌制加工前的食材。炖煮类菜肴也可以用玛萨拉调味。

咖喱鸡玛萨拉

Chicken curry masala

适合日本人口味的复合香料。

资料

原产地/产地	印度
推荐使用的菜肴	咖喱鸡/炸鸡

【特征】

这种玛萨拉是用芫荽、姜黄、香豆子、芥末、孜然等香料混合而成的。这种印度复合香料在日本很受欢迎。咖喱鸡玛萨拉与鸡肉或其他浅色肉类食材都很搭配。如果觉得辣味不够，可以根据自己的喜好加入辣椒粉。另外，如果想让菜肴更具咖喱风味，增加一些姜黄的用量即可。

法式多香粉
Faligoule

制作法国南部的普罗旺斯风味的菜肴必备的复合香料。

资料

原产地/产地	法国
推荐使用的菜肴	肉类炖煮菜肴/鱼类炖煮菜肴

【特征】

法式多香粉适合与各种番茄酱汁搭配，是法国南部的普罗旺斯风味菜肴中不可缺少的复合香料。牛至、百里香、鼠尾草、迷迭香、薰衣草、茴香构成了这款复合香料的主体，根据制作者的不同喜好，这些配料的种类会有一定的不同。法式多香粉可以用于腌制肉类或鱼类食材；也可以用于给炖煮类菜肴调味；或者制作成调味汁，甚至可以直接在出锅的菜肴上撒上一点。

北非综合香料
Rasalhanut

由30种以上香料混合而成，最适合与非洲塔吉菜肴搭配的香料。

资料

原产地/产地	摩洛哥
推荐使用的菜肴	塔吉烤鸡肉/烤三文鱼/马铃薯炖肉/金平牛蒡

【特征】

这是一款由30种以上的香料混合而成的摩洛哥风味的香料。其法文名称的意思是“镇店之宝”，象征着为了让食客得到满足，店主会竭尽全力烹制最好的菜肴。这款复合香料的配方各地均不同，但其共同点是都具有果香。蒸麦粉、塔吉烤羊肉、海鲜炒饭、传统的咖喱类菜肴都会用其调味。令人意外的是，它与日本风味的味噌烤肉也十分搭配。

牛肝菌粉

Porcini powder

出类拔萃的香味使其成为意大利菜的必备品，
牛肝菌被誉为“蘑菇之王”。

资料

别称

大腿蘑

可利用部位

肉（果实）

科名

牛肝菌科

原产地/产地

阿根廷

推荐使用的菜肴

奶油炖菜/蘑菇意面/蔬菜烩饭/油炸馅饼

意大利语中的牛肝菌被叫作“Porcino”，意为“乳猪”。而德语中则把牛肝菌称为“石蘑菇”。其丰厚的香味使它成为意大利菜的必备品，被誉为“蘑菇之王”。

【种植】

与松茸或松露相同，牛肝菌也是从树木的根部生长出来的。因其很难进行人工种植所以市面上销售的牛肝菌大多是在自然界中采集的。

【特征】

牛肝菌是意大利菜肴中不可缺少的高级食材。干燥后的牛肝菌风味会更上一层楼，同时还能长期储存，以便人们在任何季节都能品尝到。

【使用方法】

牛肝菌粉是牛肝菌香味的浓缩，与鲜奶油、黄油是绝佳的搭配。烩饭、意面酱汁、汤汁、鱼类、肉类菜肴的酱汁等用其调味后，牛肝菌的香味会飘满餐桌，让菜肴变得更为鲜美诱人。由于牛肝菌粉的味道非常浓郁，使用时只需要少量就可以得到足够鲜美的味道。

熏草豆
Tonka beans

香水和肥皂中也会添加的甜香型香料。

资料
别称
—
可利用部位
果实
科名
豆科多年生草本植物
原产地/产地
巴西、委内瑞拉、圭亚那
推荐使用的菜肴
巧克力饮料/冰激凌/焦糖布丁/可丽饼

原产于中南美洲的熏草豆有着独特的甜香味，不仅可以作为香料食用，也可以作为香水、肥皂等日化品的香味剂来使用。法国人会用熏草豆给奶油、蜜饯、甜点用的酱汁调味。熏草豆是甜点界很受欢迎的一种香料。

【种植】

熏草豆的树每3年才会结1次果实，其果实中的每1个颗粒都是珍贵的香料。

【特征】

熏草豆形似可可豆，有着与香草和杏仁类似的甜味芳香，和日本樱花糕的香味也很类似，其香味来自一种叫作“香豆素”的成分。

【使用方法】

熏草豆与奶油、糖稀十分搭配，经常被用于给焦糖布丁、冰激凌等甜点增香。最近不少巧克力中也开始使用熏草豆，这使其再次引起了甜点界的关注。在家中用巧克力和香甜的熏草豆制作甜点也是一件十分惬意的事情。

马尔代夫鱼

Maldives fish

斯里兰卡菜肴的独特味道是从一种用鱼制成的香料中来的。

资料
别称
—
可利用部位
鱼身
科名
鲭鱼科
原产地/产地
马尔代夫
推荐使用的菜肴
豆子咖喱/炒蔬菜

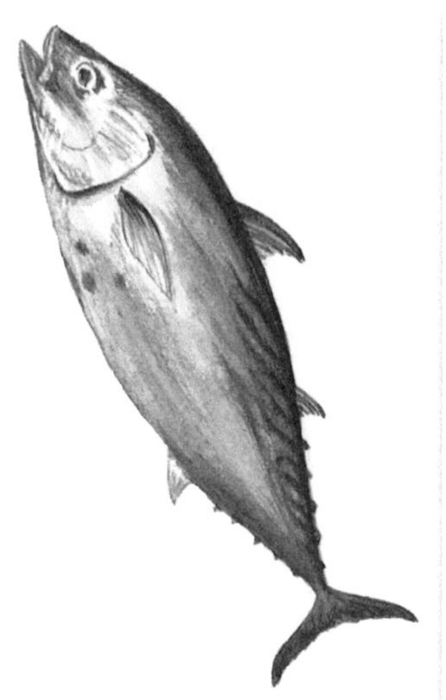

马尔代夫鱼从外观上看，与鲣鱼长得差不多。正如其名，这并不是一种用植物加工成的香料，而是用鲭鱼加工而成的。马尔代夫，当地人将钓到的鲭鱼，以不去掉内脏的完整状态进行熏制和晾晒。制成的鱼干除了用在海鲜类菜肴中，还可用于给肉类、蔬菜类等各种菜肴调味。在马尔代夫成为观光胜地之前，这种用鱼制作的香料是其唯一的外贸产品。

【特征】

作为马尔代夫鱼原料的鲭鱼跟日本市场上常见的鲭鱼不是同一个种类。要捕获这种鲭鱼，需要渔民乘坐手划船，用竹篮来打渔。所以这是一种纯手工制作的香料。

【使用方法】

晾晒完成的马尔代夫鱼体积较大，没法直接使用，一般都是放进袋子里，用锤子等工具砸碎后再使用。斯里兰卡的各种菜肴都会用到马尔代夫鱼，这款香料与蔬菜类、咖喱类菜肴非常搭配。

薰衣草
Lavender

小巧可爱的花朵中蕴藏着巨大的能量。

资料	
别称	—
可利用部位	叶片、花朵
科名	唇形科
原产地/产地	地中海沿岸
推荐使用的菜肴	香草茶/香草酱/烤松饼

使用这种香料所制作的菜肴

薰衣草风味的意大利杏仁长饼
» p.155

据传，薰衣草的人工栽培和使用从古罗马时代就开始了。19世纪初薰衣草传入日本，但当时没有普及开，直到昭和时代初期薰衣草才开始在日本各地栽种。薰衣草的香味大约90%都来自乙酸芳樟酯和沉香醇这两种成分。

【种植】

薰衣草会在春季开出淡紫色的小花朵，植株高约1米，其花穗位于颈部顶端。它大约有20个品种，有些品种会开出白色、粉色的花朵。

【特征】

欧洲自古以来就把薰衣草作为香料植物栽培。它在日本也是香味和颜色都十分受人欢迎的一种香草。薰衣草的香味能使人放松，很多芳香疗法中都会用到它。

【使用方法】

薰衣草的花朵和叶子都可利用，可用来美化花园或做成切花、百香花，冲泡香草茶等。薰衣草精油可以作为肥皂等日化品的香味剂，把薰衣草放入衣柜还能够驱虫。

玫瑰花
Rose

玫瑰被誉为“花朵的女王”，其优雅的芳香沁人心脾。

资料	
别称	—
可利用部位	花瓣
科名	蔷薇科
原产地/产地	东亚及西亚地区
推荐使用的菜肴	生切白身鱼/蔬菜冻/香草茶

使用这种香料所制作的菜肴

玫瑰花茶
» p.154

被誉为“花朵女王”的玫瑰花，对其花瓣干燥处理后就可以制成香料。玫瑰花是花卉中最知名的一种，除了用于园艺栽培外，玫瑰花也被广泛用于各种化妆品的制造。

【种植】

玫瑰花在北半球的温带地区分布广泛，而南半球则分布较少。其植株高度一般不超过3米，叶片和茎部带有尖刺。玫瑰花的原始品种加上各种园艺品种，共有大约120种。日本也是世界知名的玫瑰产地。

【特征】

玫瑰花瓣中含有丰富的维生素C，这使玫瑰花作为一种提高活力的香草而闻名。

【使用方法】

放一勺玫瑰花瓣到杯子里，倒入热水就能泡出一杯香草茶。玫瑰花瓣还被广泛用于化妆水、香草精油、肥皂、洗浴剂等日化产品中。

2.5 发挥香料的最大效果，要选对食盐

在讲究香料的使用方法的同时，对食盐的选择也不能敷衍了事。

食盐与香料有着千丝万缕的联系。

深入了解食盐后，会改变对食盐的既有印象。

逛杂货店或超市时会发现，很多时候香料和食盐的货架都是挨在一起的。讲究食盐用法的人一般都会精心挑选香料。因为食盐和香料有着密不可分的关系。

一旦熟练掌握了香料的用法，自然就会在意食盐的选择。法国L'épice et Épice香料店最初也是把香料和食盐分开摆放销售的，但最近5年店里搭配销售食盐和香料，二者的销量都有了飞跃性的增长。

下面要说的这个现象可能只有日本才有，那就是相比女性，男性更在意食盐的选择。食盐的挑选比香料简单一点，这是因为食盐的种类比香料少很多。食盐大致分为海盐和岩盐两大类，不同的食材应搭配的食盐也有着明确的要求。内陆地区生产的岩盐适合用来烹调肉类和蔬菜类食材，沿海地区生产的海盐则与海鲜类食材非常搭配。

下面我们来了解一下海盐与岩盐的不同之处。岩盐有着丰富的颜色和味道，根据其含有的不同矿物质，岩盐可分为不同的类型。而世界各地制造海盐的方法大同小异，但可以在生产过程中人工添加一些味道。后文要介绍的海盐都是用一些在日本无法实现的方法制作出来的。同样是盐，海盐和岩盐的味道差异也很大。海盐里含有海水中的镁元素，这使其带有独特的涩味。岩盐则因为盐卤而没有涩味。

日本四面环海，陆地上没有盐矿，日本生产的食盐全部都是海盐。日本盐文化在二战结束后的近50年中都是采用的国营专卖制度，由日本烟草公司进行统一生产和销售。这一制度造成传统的制盐方法在一段时间里几乎绝迹，不过近年来这些传统的制盐法又在日本各地逐渐“复活”了。

最近在日本，岩盐逐渐流行起来，在超市也很容易买到。岩盐中最受欢迎的是喜马拉雅玫瑰岩盐。采掘岩盐的时候需要去除盐中的杂质，这一个费时费力的工作，如果用水溶化岩盐，就可以轻松去掉其中的杂质，然后再次让盐结晶。可这时在水中结晶的岩盐颗粒就会变得透明，于是生产者会往盐中加入食用红色素，让岩盐变成粉红色。人工制造的玫瑰岩盐在颜色上不像天然岩盐那样有色斑的效果。在选购岩盐的时候，最好找信得过的供货商购买。

享用各种味道的海盐

浓缩了苦味、涩味、辣味等各种海水中的矿物质味道的海盐，有着温和的岩盐所不具备的醇厚味道，从而俘获了一批海盐爱好者的心。海盐在制作的时候也可以加入各种各样的香味成分，以得到颜色和味道不同的各种海盐。

Guerande

【盖朗德海盐】掀起食盐热潮的法国产海盐。

Seaweed

海藻

盖朗德海盐可以像拌饭干料那样直接吃，它被誉为“能当小菜的食盐”。位于法国布列塔尼地区的盖朗德生产的海盐会加入石莼、枯墨角藻等海藻成分，以让海盐带有一些海藻的香味。

Herb

香草

混合了各种香草的海盐非常适合用于给肉类或海鲜类菜肴调味。不论是煎烤的菜肴还是炒制的菜肴，只要撒上一点这种海盐，就能获得醇厚的香味。其与马铃薯类或鸡蛋类菜肴也十分搭配。

Chilli

辣椒

海盐与辣椒粉混合而成的复合海盐。不论是在炒菜、意面，还是炖汤中，加入辣椒盐，菜肴能立刻变得火热起来。将它撒在萝卜泥或豆腐上，也能为食材增色添彩。

Guerande

盖朗德

通过半人力半机械在盐场中生产出来的大颗粒结晶盐被称作“盐花”，它需要人工收集后再进行干燥处理，是一种高级海盐。布列塔尼地区受到大海、阳光和海风的恩惠，在当地所制作的海盐富含镁、钙、铁等多种元素。

Pyramid sea salt

【金字塔海盐】

塞浦路斯生产的海盐，
每个颗粒都是金字塔形状结晶。

Pyramid

金字塔

生产食盐的时候，让盐粒结晶成金字塔的形状。使用的时候无须研磨器，用手指就能碾碎。海盐的结晶颗粒越大，品质就越好，金字塔形结晶的品相更是首屈一指。

Lemon

柠檬

在金字塔海盐中加入柠檬香味的产品。放一点在舌尖上，柠檬的酸味和清爽的果香就会立刻充满口腔。其与鱼类菜肴，特别是烤鱼非常搭配。烤制贝类、虾类、蟹类的海鲜时也适合用这种盐调味。

Golden

金黄色

金黄色的来源是食用红色素。西方人庆祝圣诞节的时候，会用这种金黄色的海盐来装饰烤火鸡，所以这种盐也被叫作“圣诞海盐”。主要在节日庆典时使用。

Smoke

烟熏

在日本很难买到的熏制海盐。烟熏的香味很能刺激食欲，还能够将肉类食材的美味提高一个档次。这种盐的咸度没那么高，适合搭配天妇罗或其他烤制的菜肴一起食用。

Black

黑炭

混合了炭粉的塞浦路斯产海盐。炭粉带来了苦味，可以让菜肴的口味更为厚重。此种海盐用在豆腐或沙拉类菜肴中，能让食材发挥出最美味的味道，是一种非常适合用于烹饪的盐。

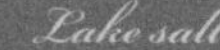

【湖盐】

从地下水中结晶而成，
世界上最贵重的湖盐。

Australia river

澳大利亚利巴

抽取澳大利亚的马勒河流域的地下盐水制作的天然湖盐。放一粒在口中，盐粒会立刻溶化。这种味道和口感是海盐所不具备的。其适合与柠檬或柚子之类的食材搭配用来调味。

Mongol rock

蒙古长粒盐

朴实无华的盐粒中含有钙、钾等矿物质，却没有会让盐的味道苦涩的镁，是一种味道柔和的岩盐。除了在白身鱼刺身中使用外，所有爽口的食材都适合与这种盐搭配。

Pink rock

玫瑰长粒盐

6亿年前就沉睡在大地中的天然岩盐。从发掘到销售不经过任何加工，富含各种矿物质。在咸口白饭团、凉拌豆腐等清淡的菜肴中加入一点玫瑰长粒盐，可以让食材的美味更加突出。

Crystal rock

水晶长粒盐

在喜马拉雅岩盐中最为晶莹剔透的就是巴基斯坦产的岩盐，称为水晶长粒盐。其分布的岩层与玫瑰长粒盐相同，但产量更少，带有天然岩盐特有的美味。

不同地区生产的各种不同特色的岩盐

蕴藏在地层中的岩盐会从周围的岩石中吸收各种矿物质，盐的颜色越深，所含的矿物质就越多。因此不同产地的岩盐在味道上也会有很大的差异。将岩盐放入炖煮类菜肴中，盐粒会立刻溶化，所以很多时候都是在菜肴上桌前才会加入岩盐。

Himalaya ruby

喜马拉雅红宝石

经过4亿年的时间在喜马拉雅山脉中结晶的岩盐。除了钠以外，它还含有钙、镁、磷等多种矿物质，含在口中带有微微的硫磺味。其适合与猪肉、羊肉等肉类食材搭配。

Andes rock

安第斯长粒盐

从安第斯山海拔4000米的高度采掘而来的岩盐，含有铁等诸多矿物质，其颜色为美丽的玫瑰色。咸度适口，鲜味较突出，适合撒在烧烤类食材上。

Blue rock

蓝色长粒盐

蓝色的岩盐非常少见，是最近几年才被发现的品种。蓝色的盐粒中含有多种矿物质，含在口中会有一种金属似的冰凉感。其适合与鸡肉类、猪肉类食材搭配。

第3章

掌握了香料的配方
才能称得上厨艺高超

在平常的菜肴中加上一小撮香料，
菜肴就能变得具有异域风味！
香料的魅力让菜单上的选择一下变得很多。
不想立刻尝试一下吗？
※本文中表示度量的1大勺=15立方厘米，1小勺=5立方厘米。

3.1 超简单的16个菜谱

切、煮、炒、腌……只要能把香料的味道发挥出来，即使把烹饪时间和工序缩到最少，也能让平常的餐桌料理变得独具风味。

普罗旺斯香草
» p.32

卡宴辣椒
» p.41

使香料的香味渗入油脂，
烹饪出一道美味的菜肴。

西班牙蒜香蘑菇

【材料】2人份

普罗旺斯香草……2/3小勺
卡宴辣椒……6颗
双孢菇……3个
杏鲍菇……1个
大蒜……2瓣
特级初榨橄榄油……90毫升
食盐……一小撮

【制作方法】

1 清理双孢菇，切掉菌柄头后将其一分为二。

2 将杏鲍菇纵切成2等份，然后再横切成4等份。

3 将大蒜压碎。

4 将法式煎锅放在火上，加入橄榄油和大蒜，随后放入卡宴辣椒，小火至大蒜变色。

5 加入普罗旺斯香草、双孢菇、杏鲍菇、食盐，中火翻炒10分钟即可。

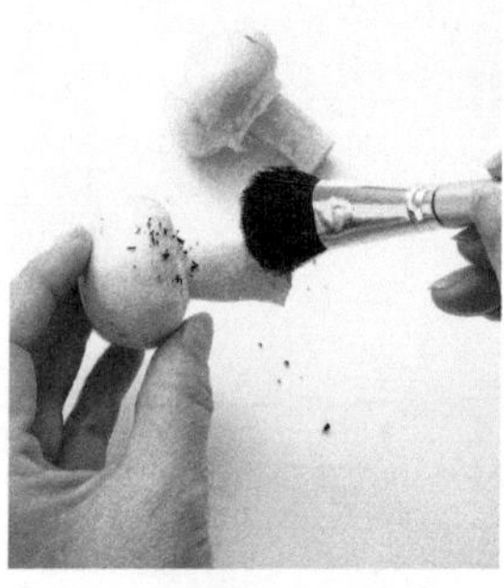
去掉双孢菇的菌柄头，可以用毛刷或纸巾轻轻地将污渍擦去，然后将其切成 2 等份。

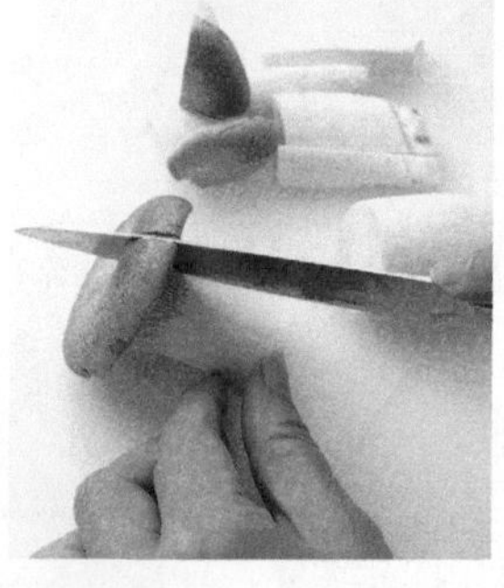
清理杏鲍菇时也可以用毛刷或纸巾清理污渍，先纵切成 2 等份，再横切成 4 等份。

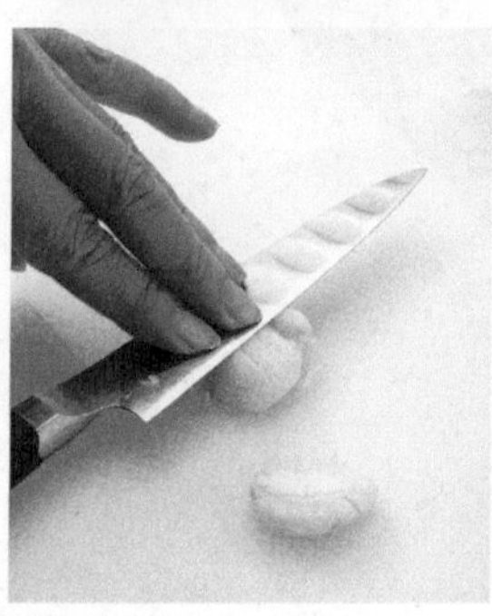
大蒜去皮，用刀面将蒜瓣压碎。

肉豆蔻
» p.38

在烤箱中烤制之后能让肉豆蔻的香味释放出来，是一道可搭配啤酒的小菜。

肉豆蔻奶酪派

【材料】4人份

肉豆蔻粉……2小勺
速冻派皮……100克
奶酪粉……约1大勺
蛋黄……1个
水……少量
小麦粉……适量

【制作方法】

准备：将烤箱设置为200℃进行预热。

1 将速冻派皮放置在常温下，解冻至派皮微硬的程度。

2 在案板上铺一层小麦粉，用擀面杖将派皮擀大一圈。

3 将蛋黄打散并刷在派皮表面。

4 在刷过蛋黄的派皮上撒满奶酪粉，然后隔着筛子均匀地在派皮上撒上肉豆蔻粉。

5 将处理好的派皮切成细长条。

6 放入烤箱中烤制10分钟即可。

肉桂
» p.40

粉红胡椒
» p.59

肉桂风味独特，
加在面包圈里也非常合适。

南瓜肉桂沙拉

【材料】2人份
肉桂粉……1/6小勺
南瓜……1/8个
奶油奶酪……30克
喜欢的坚果……适量
食盐……一小撮
配料：香芹、粉红胡椒

【制作方法】

1 南瓜切块，坚果切碎，将奶油奶酪搅拌平滑后与南瓜和坚果混合在一起。

2 将南瓜放入沸水中炖煮后捞出，碾成泥。

3 在料理盆中放入肉桂粉、南瓜泥、奶油奶酪、坚果、食盐，充分搅拌。

4 将搅拌好的食材盛入餐盘中，放上粉红胡椒和香芹作装饰。

孜然
» p.39

孜然经常被用在金平牛蒡风味的菜肴中。

香炒孜然胡萝卜

【材料】4人份
孜然粉……1小勺
胡萝卜……1根
食盐……1/2勺
特级初榨橄榄油……2大勺
配菜：芫荽

【制作方法】
1 胡萝卜切丝。
2 在平底锅中加入橄榄油烧热，炒制胡萝卜丝。
3 加入食盐和孜然粉，在胡萝卜完全变软前关火。
4 盛出，装饰上芫荽。

孜然
» p.39

健康爽口的孜然酱汁拌生菜。

水焯生菜拌孜然油

【材料】4人份
孜然籽……1/4小勺
生菜……1小块
酱油……1小勺
蚝油……1½小勺
酱油……适量
色拉油……1大勺
油炸洋葱……适量

【制作方法】
1 将生菜下入沸水中焯熟。捞出后沥干水分，盛入盘中。
2 另取一只锅，加入色拉油和孜然籽，小火加热炒出香味。
3 用酱油和蚝油调制酱汁。
4 将调好的酱汁浇在生菜上，撒上油炸洋葱即可。

卡宴辣椒
» p.41

让腌过的辣椒的鲜爽辣味渗入食材。

简单的韩式辣黄瓜

【材料】

A

- 卡宴辣椒粉……10克
- 蒜泥……15克
- 味淋……3大勺
- 酱油……2大勺
- 辣椒……1小勺

黄瓜……1根

小沙丁鱼干……适量

食盐……适量

【制作方法】

*在料理盆中放入所有A部分所准备的材料。

1 用食盐揉搓黄瓜。

2 使用擀面杖等工具轻轻拍打黄瓜后切块。

3 将处理好的黄瓜和小沙丁鱼干放入料理盆中，与A部分准备好的材料充分搅拌即可。

辣椒
» p.62

用粉丝搭配爽口的辣味调味汁，制作出具有亚洲风味的菜肴。

酸辣拌粉丝

【材料】4人份

粉丝……50克

虾……150~200克

小番茄……7个

洋葱……1/4个

西芹……少许

A

- 柠檬汁……2大勺
- 泰国鱼露……2大勺
- 白糖……2大勺
- 辣椒……3根
- 大蒜……1瓣

配菜：香芹

【制作方法】

1 去掉辣椒籽后将辣椒切成环状，大蒜切成末。将A部分的材料全部搅拌在一起。

2 将处理好的虾肉焯水。焯过虾的热汤不要倒掉。

3 小番茄切成两等份，西芹与洋葱切片。

4 用步骤 2 中的虾汤将粉丝煮软。

5 把热粉丝沥水后放入料理盆中，将A部分混合好的调味汁与虾等食材全部放入料理盆中，拌匀后按自己的喜好加入香芹装饰即可。

 粉红胡椒 » p.59

 莳萝籽 » p.92

 芫荽 » p.87

 孜然 » p.39

 卡宴辣椒 » p.41

用适合搭配三文鱼的香料打造出爽口的风味。

包含马苏里拉奶酪、三文鱼、莳萝的沙拉

【材料】2人份

三文鱼肉……70克

马苏里拉奶酪……50克

A

- 粉红胡椒……10粒
- 莳萝籽……一小撮
- 芫荽籽粉……少许
- 孜然粉……少许
- 卡宴辣椒粉……少许
- 粗磨黑胡椒……两小撮

食盐……少许

白葡萄酒醋……1/3大勺

特级初榨橄榄油……1/2大勺

配菜：混合生菜

【制作方法】

1 三文鱼和马苏里拉奶酪切片，将粉红胡椒与莳萝籽粗磨成粉。

2 在料理盆中放入白葡萄酒醋、食盐和少量橄榄油，充分搅拌。

3 把步骤 2 中制作好的调味汁与A部分中的材料混合。

4 在盘中放入混合生菜，将三文鱼片和马苏里拉奶酪片摆放好，把步骤 3 中的调味汁浇在食材上即可。

粉红胡椒
» p.59

芫荽
» p.87

百里香
» p.46

罗勒
» p.48

卡宴辣椒
» p.41

如果需要一道美味的前菜，那么
混合了奶酪的香醇和香料的芳香的菜肴就是不二之选。

香料拌奶酪

【材料】4人份

A

粉红胡椒……1/4小勺
芫荽籽……1/3小勺
芥末籽……1/3小勺
百里香……1/3小勺
罗勒……1/3小勺
卡宴辣椒……2~5根
特级初榨橄榄油……适量

切达奶酪……25克
豪达奶酪……25克
戈尔贡佐拉奶酪……50克

【制作方法】

1 将各种奶酪切成大小适口的方块。

2 把A部分中所有的材料和奶酪混合到一起后装入容器中，放入冰箱腌制2~3天。

要点

虽然拌完之后立刻吃也没问题，不过奶酪需要一定时间才能入味。所以腌制几天再食用味道会更好。

四川胡椒
» p.101

八角
» p.50

花椒为腌制的菜肴增添了刺激性的辛辣味。

中国风味泡菜

【材料】4人份

花椒……1/2小勺
八角……1个
酿造醋……300毫升
白糖……180克
红菜椒……1/4个
黄菜椒……1/4个
白萝卜……100克
黄瓜……1根
大蒜……2瓣
色拉油……1大勺

【制作方法】

1 将红菜椒和黄菜椒去籽切条。将白萝卜、黄瓜切条。大蒜去皮切成4份。

2 在料理盆中加入白糖和醋，充分搅拌。

3 在锅中加入色拉油、花椒、八角以及步骤 2 中制作的料汁，小火烧制出香味。当油入味后，把料汁全部倒入保存容器中。同时将步骤 1 中处理好的食材也放入容器中，冷藏保存，直至腌制入味。

罗勒
» p.48

罗勒与番茄是最佳搭配，
这是一款适合日本菜肴的简单调味酱。

罗勒油酱汁

【材料】

罗勒……2/3小勺
小番茄……1个
淡口酱油……2大勺
橄榄油……2/3大勺
粗磨黑胡椒……少许

【制作方法】

将小番茄切丁，与其他所有材料混合。

◎可以搭配低温牛排、金枪鱼块、豆腐、法棍面包等食用。

科伦坡香料
» p.158

咖喱与酸奶的黄金搭配，
非常适合搭配炖煮类蔬菜。

咖喱酸奶酱

【材料】

科伦坡香料（参考p.158）……1/3小勺
酸奶……3大勺
鲜奶油……1大勺
橄榄油……2小勺

【制作方法】

将所有材料搅拌均匀即可。

◎适合搭配水煮蛋、茄子、炖煮的猪肉等。

青豆蔻
» p.86

适合与爽口的蔬菜搭配，
也可以用于甜点中。

青豆蔻酱

【材料】

青豆蔻……4颗
蜂蜜……3大勺
柠檬汁……2小勺

【制作方法】

取出青豆蔻的种子，然后将其压碎，最后将所有材料混合搅拌均匀。

◎适合浇在烤松饼上食用，或者兑在苏打水里饮用。

棕芥末
» p.97

姜黄
» p.104

芥末的香味极具魅力，
可以作为浓汤炖菜或炒菜的提香调料。

自制芥末酱

【材料】

棕芥末籽……25克
白葡萄酒醋……1大勺
苹果醋……2大勺
蜂蜜……2小勺
粗磨胡椒……少许
姜黄粉……一小撮

【制作方法】

1 用研磨器或其他工具将棕芥末籽磨成粗粒。
2 将所有材料倒入锅中，加热到沸腾后关火。
3 步骤 2 中处理好的材料放凉后倒入干净的密封容器中储存。

◎适合搭配香肠、马铃薯沙拉等。

孜然
» p.39

卡宴辣椒
» p.41

适合搭配墨西哥卷饼、蔬菜、鸡肉食用。

鹰嘴豆蘸酱

【材料】

孜然粉……1/2小勺
卡宴辣椒粉……1/4小勺
A
- 水煮鹰嘴豆……100克
- 白芝麻……1/2大勺
- 大蒜……1瓣

特级初榨橄榄油……2大勺
配菜：粉红胡椒（非必备）、特级初榨橄榄油

【制作方法】

1 将A部分中的材料放入破壁机中，打成顺滑的糊状。

2 将孜然粉、卡宴辣椒粉、橄榄油加入在步骤 1 中制成的酱中，搅拌均匀。

3 将加工完毕的鹰嘴豆蘸酱倒入容器中，浇上橄榄油，并用粉红胡椒作装饰。

青胡椒
» p.57

粉红胡椒
» p.59

最适合搭配蔬菜条、三明治等菜肴。

金枪鱼酱

【材料】

青胡椒……1小勺
粉红胡椒……适量
洋葱……20克
A
- 金枪鱼……160克
- 蛋黄酱……1大勺
- 食盐……两小撮
- 胡椒……适量

【制作方法】

1 将青胡椒轻轻压碎。

2 将洋葱放入破壁机中，打成粗粒状。

3 将A部分中的材料加入有粗粒状洋葱的破壁机中，打成平滑的糊状。

4 将打好的糊倒入料理盆中，加入在步骤 1 中处理好的青胡椒，搅拌均匀。

5 将做好的金枪鱼酱倒入容器中，用粉红胡椒作装饰。

3.2
稍微需要费点工夫的16个菜谱

明白了香料的基本用法后，接下来就可以了解进阶的用法了。

闲暇时可以多花点工夫尝试做一些更讲究的菜肴。

加拉姆玛萨拉
» p.34

在普通的炸鸡块中加入香料，做成冷吃也美味的一道菜肴！

用加拉姆玛萨拉调味的香辣炸鸡块

【材料】2人份

加拉姆玛萨拉……$1\frac{1}{3}$大勺
鸡腿肉……约300克
鸡蛋……1个
淀粉……2大勺
酱油……2小勺
食盐……1小勺
色拉油……1大勺
色拉油（油炸用）……适量
配菜：沙拉用蔬菜、柠檬

【制作方法】

1 将鸡腿肉切成大小适口的块。

2 将切好的鸡肉和鸡蛋放入密封袋中，封口后用手揉搓，让蛋液渗入鸡肉。

3 把酱油、淀粉、加拉姆玛萨拉、食盐一起加入密封袋，封口后继续揉搓，使鸡肉入味。

4 最后在袋中加入色拉油，静置。

5 在炸锅中倒入足够多的色拉油，加热至160℃，然后放入腌制好的鸡肉进行炸制。

6 当鸡肉颜色泛白后，将温度提高到180℃，直至鸡肉变为金黄色。鸡肉块捞出后沥掉油，放入餐盘中，可以加入沙拉用蔬菜、柠檬作装饰。

鸡肉切成适口大小。

将鸡肉块与鸡蛋一起放入塑料密封袋中，揉搓。

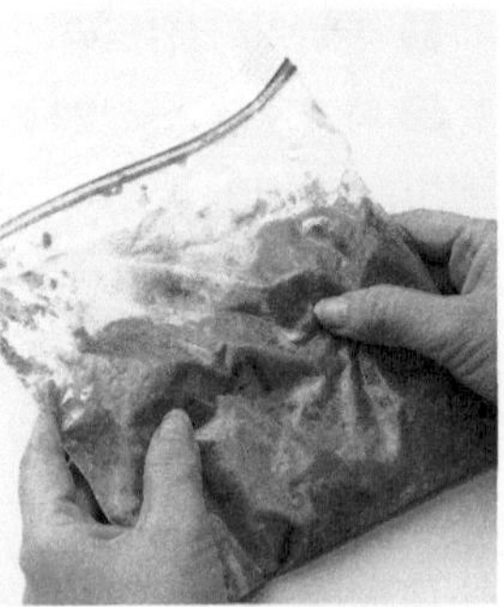

加入调料后继续揉搓，使鸡肉入味。

普罗旺斯香草
» p.32

香草的香味能让牡蛎的奶香味充分发挥出来，使其变成一道更美味的菜肴。

香草烤牡蛎

【材料】2人份

香草黄油所需的配料：
普罗旺斯香草……2大勺
黄油……100克
牡蛎……6个
香草黄油……60克
蒜泥……适量
面包糠……适量
水（预处理用）……适量
盐（预处理用）……少量

【制作方法】

准备：将烤箱设置为200℃进行预热。

1 将牡蛎放入盆中，加水和盐轻轻刷洗，然后用纸巾吸干牡蛎表面的水分。

2 把牡蛎放入耐热容器中，上面撒上蒜泥以及按所需分量切好的香草黄油、面包糠。

3 将盛有食材的耐热容器放入烤箱烤8分钟后取出即可。

香草黄油的制作方法

将黄油放置在室温下使其软化，然后将普罗旺斯香草加入黄油，将二者搅拌均匀。

将黄油放在保鲜膜上并摆成长条状。

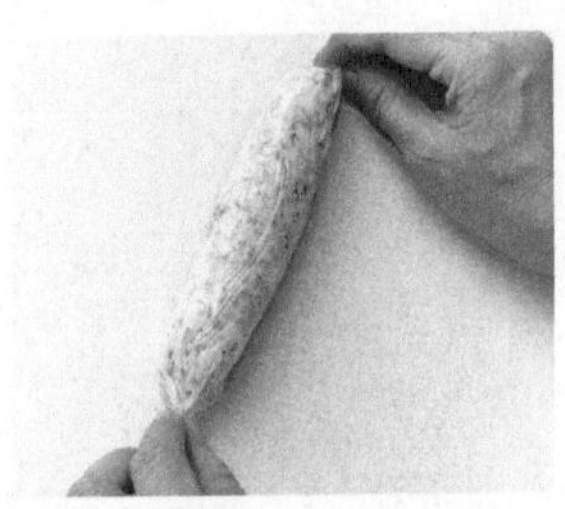
用保鲜膜把黄油完全包裹住，并用手塑成条形，保鲜膜两端打结密封，在桌面让来回搓几下，使其形状更匀称。

五香粉
» p.36

姜
» p.44

**五香粉独特的香味最适合搭配猪肉，
香味浓郁的菜肴令人食欲大增。**

红烧肉

【材料】2人份

五香粉……1大勺

A
- 猪五花肉（方块）……约300克
- 大葱（葱绿部分）……1根
- 姜……1块

酱油……适量

猪肉汤汁……150毫升

B
- 白糖……$1\frac{1}{2}$大勺
- 酱油……$1\frac{1}{2}$大勺
- 绍兴酒（如果没有可用料酒）……2大勺
- 姜粉……1小勺
- （或姜榨的汁……2小勺）

食盐……适量

色拉油……适量

配菜：焯过水的绿叶菜

【制作方法】

1 将A部分的材料放入锅中，加水（另备）没过猪肉，中火煮30分钟。

2 捞出猪肉，沥干水分，在表面涂一层酱油使其静置冷却。煮过猪肉的汤汁留150毫升不要倒掉。

3 将猪肉切成3厘米宽的小块，平底锅加热并倒入色拉油，将猪肉放入煎制上色。

4 另取一只锅，倒入煮过猪肉的汤汁，将煎过的猪肉与B部分的材料一起加入汤汁中，小火炖煮15分钟，加入五香粉后继续炖煮20分钟。

5 大火使锅内汤汁沸腾，加入一小撮食盐。同时将焯过水的绿叶菜，与步骤 4 中制作好的猪肉一起装盘即可。

肉豆蔻
» p.38

早餐的固定菜谱。用肉豆蔻提香，使菜肴有了职业厨师的味道。

汉堡肉饼

【材料】2人份

牛肉馅……260克
洋葱……1小个
面包糠……1/2杯
牛奶……50毫升
食盐……一小撮

A
- 肉豆蔻粉……1/4小勺
- 番茄酱……2大勺
- 鸡蛋……1/2个
- 食盐……1小勺
- 粗磨黑胡椒……适量

特级初榨橄榄油……适量

B
- 番茄酱……2大勺
- 中浓酱汁（特指进行过口味调整的日本风味伍斯特酱汁）……2大勺
- 黄油……5克

配菜：煎马铃薯、胡萝卜丁、焯过水的花椰菜

【制作方法】

1 洋葱去皮、切碎。在平底锅中加入橄榄油，中火加热，放入切碎的洋葱和食盐，将洋葱炒制成半透明状态后，静置冷却。

2 在面包糠中加入牛奶搅拌。

3 将牛肉馅放入料理盆中，加入步骤1、2和A部分的材料。搅拌均匀后分成两等份，轻轻拍打去除馅料中的空气，然后将其塑成圆饼形。

4 在平底锅中加入橄榄油，中火加热，放入肉饼，双面煎熟。

5 将B部分的材料倒入煎过肉饼的平底锅中，小火煮沸后关火。肉饼、配菜摆盘，浇上酱汁即可。

将肉饼从平底锅中取出，用锅中残留的肉汁与B部分材料混合后煮沸制成酱汁。

肉豆蔻
» p.38

姜
» p.44

大蒜
» p.43

肉豆蔻的用量虽少，却能成为整道菜肴的重点，与奶制品十分搭配。

马铃薯肉豆蔻浓汤

【材料】2人份

肉豆蔻粉……1/2小勺
蒜粉……1/2小勺
马铃薯……2个（约200克）
高汤（可用汤料粉制作）……2小勺
牛奶……360毫升
鲜奶油……40毫升
食盐……适量
白胡椒……适量
配菜：香芹粉、橄榄油

【制作方法】

1 马铃薯去皮，切滚刀块，放入锅中加水煮熟。

2 捞出马铃薯沥水，然后将马铃薯压成泥。

3 将马铃薯泥和配菜、橄榄油以外的材料全部放入破壁机中，打成平滑的糊状。

4 将步骤 3 制作好的马铃薯糊放入锅中加热。

5 将加热好的马铃薯糊装盘，用香芹粉和橄榄油作装饰。

要点

放凉再吃也很美味！

加拉姆玛萨拉
» p.34

只是把调味料换成加拉姆玛萨拉，一道异域风味的美食就制成了。

异域风味炒面

【材料】2人份

加拉姆玛萨拉……2小勺
蒸过的炒面用面条……2袋（280克）
卷心菜……2片
洋葱……1/8个
青椒……1个
豆芽……1/2袋
丛生口蘑……1/2簇
猪肉丝……25克
色拉油……2大勺
酱油……1大勺
配菜：香芹

【制作方法】

1 卷心菜粗略切片，洋葱切薄片，青椒切丝，豆芽过水清洗，丛生口蘑切掉菌柄头。

2 平底锅中加油烧热，倒入炒面用面条翻炒。

3 在步骤 2 中加入除青椒以外的蔬菜和猪肉丝进行翻炒。

4 加入青椒、酱油和加拉姆玛萨拉，炒出香味后装盘，摆上香芹作装饰即可。

加拉姆玛萨拉
» p.34

香料的味道有助于减少食盐的用量，还能为一道家常菜增添不同的风味。

根菜类味噌汤

【材料】2人份

加拉姆玛萨拉……1小勺
水……300毫升
鲣鱼汤料……1小勺
白味噌酱……2小勺
米味噌酱……2小勺
根菜类蔬菜（按喜好选择）……100克
配菜：香芹

【制作方法】

1 将根菜类蔬菜去皮，切滚刀块。

2 锅中加水后放入处理好的蔬菜，煮至筷子可以扎进蔬菜的程度即可。

3 在锅中加入鲣鱼汤料后改小火，然后加入加拉姆玛萨拉和味噌酱。

4 汤汁炖好后盛入碗中，将香芹叶子撕碎后撒在汤上即可。

五香粉
» p.36

随热气飘香的五香粉，
可以制作出口味温润的夜宵。

中国风味的番茄鸡蛋面

【材料】2人份

A
- 五香粉……两小撮
- 鸡蛋……1个

B
- 五香粉……1/2小勺
- 鲣鱼汤料冲的汤……400毫升

煮乌冬面……1份
小番茄……2个
水淀粉……适量
配菜：小葱

【制作方法】

1 小番茄切丁。

2 将A部分的材料放入料理盆中混合。

3 在锅中加入B部分的材料，开中火加热至沸腾。

4 继续在锅中加入切好的小番茄丁，改小火后加入水淀粉。

5 再次改为中火，将步骤 2 中制作好的蛋液倒入锅中。

6 在碗中放入煮热的乌冬面，将锅中炖好的浇头倒在面上，最后撒上切碎的小葱即可。

五香粉
» p.36

味道醇厚的五香粉与酱油的鲜香令人食欲大增。

干煸扁豆

【材料】2人份

五香粉……1/3小勺
扁豆……100克
油炸豆腐……1/2块
食盐……一小撮
胡椒粉……少许
酱油……1小勺
芝麻油……1小勺
色拉油……适量

【制作方法】

1 扁豆切长段。油炸豆腐切条。

2 平底锅预热，加入足量的色拉油。然后放入扁豆，炸至表面泛白。

3 从油锅中捞出扁豆沥油。将锅中的油倒出，放入切好的油炸豆腐，煸至表面焦黄。

4 将炸过的扁豆再次放入锅中，加入五香粉、食盐、胡椒粉调味。

5 最后倒入酱油和芝麻油提味即可。

干煸油炸豆腐可以让香味更突出。

卡宴辣椒
» p.41

大蒜
» p.43

香辣诱人，
鸡胗的口感令人着迷!

香辣鸡胗

【材料】2人份

卡宴辣椒粉……适量
蒜粉……1小勺
鸡胗……120克
食盐……两小撮
酱油……少许
芝麻油……2小勺
白芝麻……适量
配菜：小葱

【制作方法】

1 将鸡胗切成厚块，放入锅中加水（另备）煮至沸腾，鸡胗泛白后即可关火。

2 平底锅加热后加入芝麻油，放入沥过水的鸡胗进行翻炒。

3 接着将食盐、蒜粉加入锅中，炒制出蒜香味后，加入酱油。

4 最后加入卡宴辣椒粉，关火后撒上白芝麻，装盘后再撒上切好的小葱。

孜然
» p.39

爽朗的孜然香味与蛋黄酱的酸香是最佳搭配。

孜然蛋黄酱炒对虾

【材料】2人份

孜然籽……1/2小勺
对虾……8只
蛋黄酱……1小勺
色拉油……适量
食盐（提前处理用）……少许
淀粉（提前处理用）……适量
白糖（提前入味用）……一小撮
食盐（提前入味用）……少许
淀粉（提前入味用）……两小撮
蛋清（提前入味用）……少许
配菜：水芹等自己喜欢的蔬菜

【预先处理】

1 对虾去壳，纵向划开其背部，剔除虾线。

2 将处理好的对虾放入料理盆中，加入食盐、淀粉轻轻揉搓，洗出污物。

3 用清水冲洗对虾，然后用纸巾擦去对虾上的水分。

【提前入味】

将对虾、白糖、食盐、淀粉放入料理盆中混合，然后加入蛋清轻轻搅拌直至混合物的颜色泛白。

【制作方法】

1 平底锅加热后倒入色拉油，加入孜然籽，小火煸香。

2 将腌制好的对虾加入锅中，翻炒至变为红色。

3 在锅中加入蛋黄酱，翻炒均匀。装盘后根据喜好用水芹或其他蔬菜进行装饰即可。

火葱
» p.103

**用火葱替换洋葱
就能轻松制作出亚洲风味的菜肴。**

马来炒饭

【材料】2人份

米饭……160克
去壳虾……8只
鸡蛋……2个
青椒……2个
胡萝卜……40克
A
胡椒粉……少许
番茄酱……2大勺
耗油……1大勺
辣椒酱……1/3小勺
食盐……少许
火葱粉……2大勺
酱油……适量
色拉油……适量
配菜：黄瓜、香芹、虾片

【制作方法】

1 青椒去籽，胡萝卜削皮，然后均切成片。

2 在平底锅中倒入色拉油，中火加热，放入生鸡蛋，煎制好荷包蛋后取出备用。

3 在平底锅中再次加入色拉油，放入去壳虾，将虾炒制为红色后取出备用。

4 在平底锅中继续加入适量色拉油，加入米饭翻炒。

5 将胡萝卜、青椒、炒好的虾以及A部分的材料一起加入锅中，与米饭一起翻炒。

6 当米饭与其他材料充分混合后，加入火葱粉、食盐和酱油调味。

7 将步骤 6 炒好的饭装盘，然后把在步骤 2 中制作的荷包蛋盖在饭上即可食用。

火葱粉最后再加入锅中，可以让其香味更加突出。

棕芥末
» p.97

微微的辣味会让蔬菜更美味，即使用很少的食盐也能获得足够的味道。

芥末马铃薯炒花椰菜

【材料】2人份

棕芥末籽……2小勺
马铃薯……2个
花椰菜……1/2个
香肠……3根
黄油……20克
食盐……少许
粗磨黑胡椒……适量
色拉油……少许

【制作方法】

1 切下花椰菜的菜头，备用。马铃薯去皮切滚刀块，香肠切段。

2 锅中加水（另备）煮至沸腾，加入食盐后放入花椰菜和马铃薯，煮至筷子可插入马铃薯中即可。

3 在平底锅中加入色拉油烧热，将煮过的马铃薯放入锅中翻炒至表面焦黄。

4 在锅中放入香肠、花椰菜、黄油、棕芥末籽翻炒，最后加入食盐和粗磨黑胡椒调味。

红椒粉
» p.49

匈牙利的代表性香料就是红椒粉，其鲜艳的色彩会让餐桌熠熠生辉。

匈牙利风味浓汤炖菜

【材料】2人份

红椒粉……1大勺
牛腿肉……200克
洋葱……½个（65克）
胡萝卜……½根（75克）
马铃薯……1个（130克）
大蒜……1瓣
固体法式汤料……1个
水……200克
水煮番茄……150毫升
食盐……½小勺
白糖……1小勺
色拉油……适量
A
食盐（提前入味用）……少许
胡椒（提前入味用）……少许
红葡萄酒（提前入味用）……2大勺
配菜：香芹粉

【制作方法】

1 牛肉切块，洋葱、胡萝卜、马铃薯切滚刀块，大蒜磨碎。

2 将牛肉块、大蒜及A部分的材料放入料理盆中搅拌均匀后腌制。

3 锅中加入色拉油中火加热，把在步骤 1 处理好的蔬菜和在步骤 2 腌制过的牛肉放入锅中翻炒。

4 在锅中加入水、水煮番茄、固体法式汤料、红椒粉、食盐、白糖，炖煮至所有食材变软。

5 装盘后用香芹粉装饰即可。

干番茄
» p.93

肉桂
» p.40

**调味汁中加入干番茄，
酸甜的口味搭配鲜艳的色彩。**

爽脆苹果拌萝卜

【材料】1盘

苹果……$\frac{1}{2}$个

萝卜……$\frac{1}{3}$根

A

- 干番茄……$\frac{1}{2}$小勺
- 肉桂粉……一小撮
- 食盐……少许
- 苹果醋（可用米醋替代）……1小勺
- 特级初榨橄榄油……$\frac{2}{3}$大勺
- 蜂蜜……$\frac{1}{2}$小勺

水……适量

食盐……适量

配菜：香芹

【制作方法】

1 苹果和萝卜去皮切丝。

2 将切好丝的食材放入料理盆中，加水和食盐，防止食材变色，然后捞出沥水。

3 将A部分的材料放入料理盆中，与苹果和萝卜搅拌均匀。

4 装盘后撒上撕碎的香芹即可。

百里香
» p.46

芫荽
» p.87

金枪鱼与清爽的百里香的创意搭配。

金枪鱼盖饭

【材料】1人份

金枪鱼……100克

米饭……200克

百里香……1小勺

芫荽籽粉……一小撮

A

- 酱油……2大勺
- 味淋……1大勺
- 酒……1大勺

芝麻菜……1棵

配菜：百里香（干）、百里香（鲜）

【制作方法】

1 金枪鱼切片。

2 在锅中加入A部分的材料，煮沸后静置冷却。

3 将步骤2中制作的料汁与金枪鱼片混合，加入百里香、芫荽籽粉拌匀，放入冰箱腌制大约30分钟。

4 将米饭盛入碗中，撒上撕碎的芝麻菜，然后将腌制好的金枪鱼片码放在上面，最后用百里香作装饰。

3.3 用香料制作的甜点

一款受人欢迎的甜点是少不了香料的。下面介绍的甜点制作配方，即使用来招待贵客也是拿得出手的。只要一小撮香料，就能轻松再现正统的美味。

肉桂
» p.40

肉桂和香蕉是最佳搭档，
共同构成了一道华丽的美味。

肉桂香蕉薄饼

【薄饼使用材料】8~10张饼的量

肉桂粉……1小勺
小麦粉……100克
白糖……2大勺
鸡蛋……1个
牛奶……300毫升
色拉油……适量

【薄饼香蕉使用材料】

肉桂粉……适量
香蕉……4~5根
细砂糖……75克
水……120毫升
配料：肉桂 粉、薄荷叶、冰激凌、打发的鲜奶油、加入了肉豆蔻的香荚兰酱汁

【制作方法】

1 将小麦粉、肉桂粉、白糖、一半的牛奶依次放入料理盆中混合。

2 将鸡蛋打成蛋液，与另一半牛奶一起加入料理盆中，和之前的材料一起充分搅拌，然后静置30分钟。

3 平底锅中火加热，刷一层色拉油，然后将锅从火上移开。随后取一份在步骤 2 制作好的面糊倒入锅中，摊成圆饼状，然后再把锅移回火上。

4 当薄饼周围翘起、背面有焦黄色时翻面。两面都呈焦黄色后即可取出。

5 香蕉去皮，切成4等份备用。

6 在平底锅中加入细砂糖和水，中火加热使其融化。当糖浆变为焦糖色时放入香蕉，两面煎至焦黄色后关火，撒上肉桂粉。

7 将在步骤 4 制作的薄饼铺在盘中，然后把在步骤 6 中制作的香蕉以及冰激凌、打发的鲜奶油、肉桂粉、薄荷叶、青豆蔻酱（p.132）码放在薄饼上即可。

细砂糖加水可熬制成焦糖浆。当糖浆开始变色时要减小火力，如果颜色太深焦糖浆会变苦。

放入香蕉，两面挂糖煎制。

姜
» p.44

沁满口腔的姜的香甜。

甜姜面包

【材料】380克
高筋粉……250克
酵母粉……6克
姜粉……2大勺
蜂蜜……60克
特级初榨橄榄油……30克
温水……170~200毫升

【制作方法】

1 取一个较大的料理盆，将高筋粉、酵母粉、姜粉、蜂蜜、橄榄油一起放入其中，然后一边搅拌，一边加入温水。

2 用木铲充分搅拌盆中的材料。

3 待形成完整面团且面团表面光滑不沾手时即可停止。在面团表面喷少量橄榄油（另备），然后盖上保鲜膜，将料理盆放置在温暖的位置，静置发酵（约50分钟）。

4 当面团膨胀后，从盆中取出，排气后将面团分成2等份。

5 为面团喷油，盖上保鲜膜继续静置15分钟。然后再次将面团中的气体排出，将面团稍微抻开后再团起来，进行第二次发酵。为发酵后的面团喷上足量的油，放入预热好的烤箱中，将温度调至200℃先烤10分钟，之后将温度调整到180℃，再烤20分钟即可。

要点

不同烤箱的烤制时间会有差别，请根据具体情况调节。

茴芹
» p.84

肉桂
» p.40

使巧克力酱充满茴芹和肉桂的香味。

巧克力火锅酱

【材料】4人份

茴芹籽……½小勺

肉桂粉……两小撮

巧克力奶油……100克

鲜奶油……2大勺

自己喜欢的水果……适量

海绵蛋糕……适量

【制作方法】

1 轻轻捣碎茴芹籽。

2 在锅中倒入鲜奶油，小火加热，接着加入茴芹籽，煮出香味。

3 用过滤网将鲜奶油中的茴芹籽过滤出来，然后将鲜奶油与巧克力奶油混合，然后加入肉桂粉。

4 将水果和蛋糕切块或片，然后蘸着在步骤 3 制作出的巧克力火锅酱品尝即可。

茴芹
» p.84

甜甜的茴芹最适合制作甜点，
与酸味的水果谱写出美味的和弦。

糖水水果

【材料】2人份

A
- 茴芹籽……1小勺
- 水……300毫升
- 白糖……18克

菠萝……100克

猕猴桃……1个

树莓……6个

橙子……½个

【制作方法】

1 菠萝、猕猴桃、橙子去皮，切成适口大小。

2 轻轻捣碎茴芹籽。

3 在锅中加入A部分的白糖和水，中火加热。当白糖溶于水中后关火，将茴芹籽放入，静置冷却。

4 将处理好的水果以及树莓加入步骤 3 处理好的糖水中，放入冰箱冰镇15~30分钟。

专栏 Dry Flower Herb

干花香草的多种用途

干花香草可以通过将其冲泡成香气四溢的花草茶等各种方式使其发挥作用。

在享受干花香草的芳香的同时，再将其吃掉则可以让效果发挥到最大。

Rosa Petal

玫瑰花

➡ 玫瑰花茶

富含的维生素C，是具有极佳的美容和放松效果的香草类制品。

【材料】1人份

玫瑰花瓣……1大勺

热水……适量

【制作方法】

将玫瑰花瓣放入茶杯中，倒入热水。

Jasmine

茉莉花

➡ 茉莉花果冻

以怡人芳香而著称的茉莉花在中国的茶饮界有很高的人气。

【材料】2人份

茉莉花……2大勺

热水……500毫升

鱼胶……8克

泡软鱼胶用的水……2大勺

炼乳……适量

装饰用的薄荷叶……少许

【制作方法】

1 用水将鱼胶泡软。

2 茉莉花用开水冲泡成茶。

3 茉莉花茶泡大约5分钟后倒入料理盆中。

4 用微波炉加热泡软的鱼胶，然后将其与茉莉花茶混合均匀，再放入冰箱冷藏，使其凝固。

5 取一定分量的茉莉花果冻到容器中，浇上炼乳，再用薄荷叶装饰即可。

Lavender

薰衣草

➡ 薰衣草风味的意大利杏仁长饼

薰衣草被誉为“香草界的女王”。除了用于观赏外，自古以来它还是洗浴剂或香味精油的添加剂。

【材料】2人份

干薰衣草……2大勺
赤砂糖……150克
细砂糖……100克
低筋粉……300克
发酵粉……1小勺
鸡蛋……2个
水……30克

【制作方法】

1 将低筋粉和酵母粉混合后过筛，烤箱设170℃预热。

2 将过筛后的混合物倒入料理盆中，加入鸡蛋、赤砂糖、细砂糖及干薰衣草，搅拌均匀。可根据实际情况适当加水。

3 在案板上撒上一层干面粉（另备），将和好的面团置于案板上。

4 把面团揉成长圆形如图A所示，盖一层油纸，放入烤箱，将温度设为170℃烤制15~20分钟。

5 烤制完成后稍事冷却，效果如图B所示。

6 将烤完的糕点切成大约1.5厘米宽的条状，放入烤箱以160℃两面各烤10分钟即可完成，最终成品如图C所示。

A

B

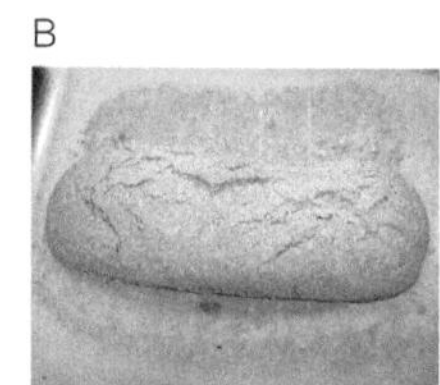

C

➡ 香包

将泡茶或做甜点剩下的干薰衣草放入玻璃纱类材质的小袋中，就可以得到一个薰衣草香包了。

3.4 简单的复合香料配方

将若干种香料混合在一起就制成了复合香料。

由于借助复合香料能够轻松做出与专业餐厅相同味道的菜肴，所以它最近在市场上很受欢迎。

复合香料听起来好像挺复杂，但其实它就像麻婆豆腐调料包一样方便使用。

对于日本人来说，咖喱饭是家常菜的保留项目，但很少会有人在家自制咖喱块。虽然各家制作的咖喱类菜肴也有所不同，但其基础味道都来自食品生产商制造的盒装咖喱块。

不论是盒装咖喱块还是复合香料，都是只要在烹饪过程中加入就能让菜肴变得美味的调味品，在这一点上两者是一样的。使用复合香料后，一些做起来比较麻烦的菜肴也能很简单地制作出来，因此复合香料很适合初学者使用。不过一直以来，很多香料教程都将复合香料视为“歪门邪道”，很少涉及相关知识的讲解。

复合香料可以缩短烹饪时间，它几乎能够与所有的调味料搭配，而且避免了购买许多种香料后又用不完导致的浪费，可以说复合香料没有缺点。一些调味费事的菜肴，使用复合香料后就能简化制作步骤。而且人们能在复合香料中发现自己尤为喜欢的香料品种，从而以此为参考，采购特定品种的香料。只要不断尝试使用复合香料，就有更多的机会创造出属于自己的特色菜肴。

法国人使用的各种各样的复合香料

番茄与黄瓜等蔬菜混合制成的产品。

用于给鸡肉类、煎制类菜肴调味的产品。

冷汤用，主要用于给海鲜类菜肴的炖煮汤汁调味。

烤鱼用复合香料。

特征

轻松制作出专业餐厅菜品的味道

欧洲是香料的主要消费地，现如今该地区正掀起使用复合香料的热潮。这其中的原因是越来越多的上班族需要更快捷地制作饭菜。此外，从老一辈人那里学习烹饪知识的人越来越少，不会调味的人也越来越多。而复合香料可以帮助他们用简单的方法就制作出专业餐厅菜品的味道。在日本，不会做饭的人也越来越多，因此日本市场上的复合香料也快速流行起来。

挑选方法

从使用方法开始挑选

应该从干香料，如西班牙海鲜饭用的复合香料等有名的产品开始尝试，这样可以直观快速地体会到复合香料的便利性。熟悉了使用方法后，就可以尝试烤肉用复合香料，也可以在海鲜类和肉类食材中反复尝试泰式复合香料或坦都里复合香料等，它们的使用方法都很简单，不论是初学者还是厨艺高手都能使用自如。

种类

能够直接用于调味的复合香料是主流产品

对日本人来说，一提起复合香料他们就会习惯性地将其与咖喱联系起来，不过最近出现了适用于不同菜肴的“预混合香料”。例如馥颂（FAUCHON）公司等企业就扩充了大约40~50种产品线。有的是只将香料混合在一起的产品，还有的是把食盐等调味料与香料混合在一起的产品。而且其食盐的含量也各有不同，购买时需要先确认配料表再作决定。

使用窍门

创造出创意菜式是使用复合香料的乐趣所在

首先对照菜谱，如使用西班牙海鲜饭用复合香料制作菜肴。如果觉得喜欢，就可以开始对菜谱进行创意创作了。例如只用海鲜饭里的海鲜和配菜，然后用西班牙海鲜饭用复合香料调味，做出一道地中海风味的炒海鲜。用白身鱼、西葫芦及随意一种根菜，加上西班牙海鲜饭用复合香料调味，就能轻松地做出一道普罗旺斯鱼汤。经常实践这样的创意复合香料用法，掌握的快手菜就会越来越多。

科伦坡香料

除了用于制作咖喱，在炒菜或沙拉等菜肴中用上科伦坡香料也能使菜肴变成咖喱风味。辣味略强是这款复合香料的特点。

这款复合香料的主要成分：
孜然（p.39）、芫荽（p.87）、姜黄（p.104）、卡宴辣椒（p.41）、姜（p.44）

只要放在锅里就能轻松制作出风味浓厚的咖喱。

科伦坡咖喱茄子

【材料】4人份

科伦坡香料……4大勺
科伦坡香料（提前入味用）……两小撮
茄子……4根
水煮番茄……400克
水……350毫升
食盐……适量
色拉油……适量

【材料】

1 茄子切滚刀块，撒上科伦坡香料提前腌制。

2 用破壁机将水煮番茄打成酱。

3 在锅中加入色拉油，中火加热后放入茄子炒制上色。

4 将水倒入打好的番茄酱中一同加入锅中，沸腾后加入科伦坡香料，炖煮5分钟入味后加入食盐调味即可。

用较多的油炒制茄子会让茄子的香味更浓厚，也使茄子更容易入味。

Arrange 创意菜谱

秋葵的黏滑口感融入了香料的味道后更加突出了蔬菜的美味。

炒秋葵

【材料】2人份

科伦坡香料……$^{2}/_{3}$小勺
秋葵……8根
食盐……少许
色拉油……1大勺

【材料】

1 秋葵去蒂，锅中加水（另备）煮沸，加入少量食盐（另备），将秋葵放入锅中焯水。

2 在平底锅中加入色拉油，中火加热，将秋葵竖切成两半后放入锅中翻炒。

3 将科伦坡香料撒在锅中，再加入食盐调味即可。

坦都里复合香料

与酸奶混合后腌制肉类，然后简单地煎一下就能轻松做出坦都里烤鸡等菜肴，这是一种使用起来很方便的复合香料。

这款复合香料的主要成分：
红椒粉（p.49）、卡宴辣椒（p.41）、大蒜（p.43）、孜然（p.39）

酸奶使香辛料的辣味变得柔和，让腌制的鸡肉更具风味。

坦都里风味烤鸡

【材料】4人份

坦都里复合香料……2大勺
鸡大腿肉……8根
无糖酸奶……150克
A
小麦粉……2大勺
加拉姆玛萨拉……1大勺

【提前准备：在烤制开始2小时前】

1 在滤网上铺上一张纸巾，倒入无糖酸奶，滤掉水分。

2 将鸡肉、酸奶、坦都里复合香料装入保鲜袋中，揉搓搅拌均匀后静置。

【制作方法】

1 烤箱设置为210℃进行预热。

2 将A部分的材料放入腌制好的鸡肉中，搅拌均匀，去掉多余的腌料后放入烤箱，烤制15~20分钟即可。

要点

腌制鸡肉的时间如果延长到一天，可以让鸡肉更加入味。

纸巾可以滤掉酸奶中的水分。

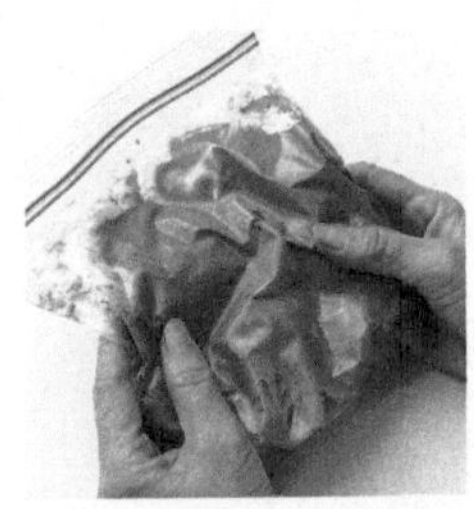

将鸡肉、酸奶、坦都里复合香料放入保鲜袋中充分揉搓，让鸡肉入味。

Arrange 创意菜谱

包裹着辣椒香味的带皮马铃薯是最好的下酒菜。

香辣炸薯条

【材料】2人份

坦都里复合香料……2小勺
马铃薯……2个
色拉油……适量
配菜：香芹

【制作方法】

1 清洗马铃薯，不用削皮直接切成条状。

2 将切好的马铃薯放入耐热容器中，加入2大杯水（另备）后用保鲜膜盖好，放入微波炉加热5分钟，取出后沥水冷却。

3 在平底锅中加入色拉油，加热到180℃。将处理好的马铃薯放入油中炸至金黄色捞出沥油。

4 将坦都里复合香料撒在马铃薯上。

5 将马铃薯装盘，装饰上香芹即可。

西班牙海鲜饭用复合香料

用了这款香料后，只要按照口味加入食盐调味，就能让看似工序复杂的西班牙海鲜饭的制作一步到位。提前准备好海鲜、蔬菜、大米就可以开始尝试了。

这款复合香料的主要成分：
姜黄（p.104）、红椒粉（p.49）、葛缕子（p.85）

传统西班牙菜肴的代表，充足的菜量使其成为聚会的人气菜品。

西班牙海鲜饭

【材料】4人份

西班牙海鲜饭用复合香料……1大勺
大米……约360克
热水……500毫升
冷冻混合海鲜……1袋（约170克）
洋葱……$^{1}/_{2}$个
番茄……$^{1}/_{2}$个
青椒……1个
特级初榨橄榄油……2大勺
配菜：香芹、柠檬

【制作方法】

1 洋葱切末、番茄切片、青椒去籽后切滚刀块。冷冻混合海鲜放置至常温后沥水。

2 在海鲜饭专用锅具（也可以用平底锅代替）中倒入橄榄油，中火加热，倒入大米炒至半透明状态。

3 将洋葱、海鲜倒入锅中翻炒几下，然后注入混合了西班牙海鲜饭用复合香料的热水，小火炖煮。

4 大约炖煮15分钟后，把番茄和青椒加入锅内，继续炖煮10分钟，直到米粒膨胀变软。（如果锅内水过少，可以适当补充些热水。）

5 米饭煮好后，将切片的柠檬和香芹装饰在海鲜饭表面即可。

Arrange 创意菜谱

一直以来马铃薯沙拉都是一道味道丰富的菜肴，加上一点柠檬可让其口味更加清爽。

马铃薯沙拉

【材料】2人份

西班牙海鲜饭用复合香料……1小勺
马铃薯……2个
胡萝卜……1/5根
黄瓜……1/3根
蛋黄酱……1大勺
白胡椒粉……少许
配菜：柠檬

【材料】

1 马铃薯、胡萝卜、黄瓜切块。

2 在锅中加水煮沸，放一小撮食盐（另备），将马铃薯煮熟后捞出，沥干水分，压成泥。胡萝卜也要下锅煮软。

3 将步骤 2 中处理好的材料与黄瓜放入料理盆中，加入蛋黄酱、西班牙海鲜饭用复合香料、白胡椒粉后搅拌均匀。

4 装盘后将切片的柠檬装饰在马铃薯泥上即可。

鱼用复合香料

这种复合香料非常适合用来制作以白身鱼为原料的菜肴。其中的罗勒、迷迭香等香草的味道能够有效去除鱼腥味。

这款复合香料的主要成分：
茴香（p.96）、罗勒（p.48）、迷迭香（p.47）、龙蒿（p.73）、月桂（p.82）

与白身鱼搭配最合适，能够凸显出香草的清爽芳香。

香草挂粉烤鳕鱼

【材料】2人份

鱼用复合香料……1大勺
鳕鱼……2片
面包糠……20克
奶酪粉……1大勺
小麦粉……适量
鸡蛋液……适量
食盐……适量
胡椒……适量
橄榄油……适量
配菜：柠檬、小番茄、水芹

【制作方法】

1 在鳕鱼片的两面撒上食盐和胡椒。

2 将鱼用复合香料与面包糠、奶酪粉混合。

3 将鳕鱼片依次蘸满小麦粉、鸡蛋液以及在步骤 2 中制作的面衣。

4 在平底锅中注入足量橄榄油，用偏小的中火加热，把鳕鱼皮一面朝上放入锅中煎烤。当鳕鱼整体变为金黄色后翻面煎烤少许时间后捞出。装盘并装饰上配菜即可。

要点

鱼用复合香料与面包糠的比例为1:5比较好。

在面包糠里加入香料和奶酪粉，充分混合。

Arrange 创意菜谱

鸡蛋包裹着香草的香味，是一道爽口的早餐。

香草炒蛋

【材料】1人份

鱼用复合香料……1/2小勺
A
- 牛奶……1大勺
- 蛋黄酱……1小勺
- 食盐……少许
- 胡椒……少许

黄油……10克
鸡蛋……2个
配菜：混合生菜、小番茄、煮香肠

【制作方法】

1 鸡蛋放入料理盆中打散，加入鱼用复合香料与A部分的所有材料后搅拌均匀。

2 平底锅小火加热，放入黄油溶开。

3 将在步骤 1 中制作好的蛋液倒入锅中，当蛋液逐渐固化以后，轻轻晃动平底锅，在蛋液完全固化前起锅装盘。装饰上配菜即可。

炖煮用复合香料

这种复合香料适合与肉类、根菜类食材搭配。其柔和的味道能够有效去除肉类的腥臭味，是非洲塔吉风味菜肴的最佳搭配。与味噌酱和酱油一起使用也会让菜肴很美味。

这款复合香料的主要成分：
大蒜（p.43）、肉桂（p.40）、姜（p.44）、香芹（p.77）、芫荽（p.87）

非洲塔吉风味菜肴在日本也属于家常菜，充满异域风情的香味充满整个餐桌。

简易家常塔吉菜

【材料】4~5人份

炖煮用复合香料……2大勺
去骨鸡翅……500克
洋葱……1个
胡萝卜……1根
马铃薯……2个
西葫芦……$^{1}/_{2}$根
番茄……2个
大蒜……1瓣
混合豆子……40克
盐水橄榄……8个
刺山柑的花蕾……10粒左右
水……30毫升
法式固体汤料……1个
特级初榨橄榄油……适量
胡椒……适量
食盐……适量

【预先准备】

1 洋葱按照断丝的方向切片。
2 胡萝卜、西葫芦切条。
3 马铃薯去皮切成8等份。
4 将番茄切成1厘米厚的圆片。
5 在鸡肉上撒盐、胡椒及1/3的炖煮用复合香料，腌制入味。
6 与腌制鸡肉的方法相同，在处理好的蔬菜上也撒上1/3的炖煮用复合香料进行腌制。

【制作方法】

1 在平底锅中加入橄榄油，小火加热，放入大蒜煸出香味后，放入鸡肉，煎至两面变色。
2 在塔吉用锅具（译者注：具体样式请在线搜索“塔吉锅”）中倒入橄榄油，小火加热，然后放入洋葱垫底。
3 在洋葱上面码放切好的马铃薯，接着把制作方法步骤 1 中处理过的鸡肉也码放上。
4 将胡萝卜、西葫芦堆成锥形放在鸡肉和马铃薯上。把剩下的炖煮用复合香料撒在上面。
5 番茄码放在步骤 4 的蔬菜周围，撒上食盐。
6 把盐水橄榄、刺山柑的花蕾、混合豆子均匀地撒在食材上。
7 将法式固体汤料用水溶开，浇在食材上。
8 盖上锅盖，蒸煮40分钟左右。其间要查看火候，发现水少时要及时添加。当蔬菜全都变软后即可出锅。

Arrange 创意菜谱

这是一种香气四溢的万能香料，在日式菜肴中也能大显身手。

香煎旗鱼

【材料】2人份

A
- 炖煮用复合香料……2小勺
- 鲣鱼汁（鲣鱼素）……1/2小勺
- 酱油……1小勺
- 热水……180毫升

旗鱼肉……2片
丛生口蘑……1/2簇
色拉油……1小勺
食盐……适量
胡椒……适量
配菜：自己喜欢的蔬菜

【制作方法】

1 在旗鱼肉上撒盐和胡椒。从生口蘑去掉菌柄头备用。
2 平底锅中加入色拉油，中火加热，放入旗鱼肉两面煎烤至金黄色。
3 从锅中取出旗鱼肉后，将从生口蘑放入锅中炒至变软，然后取出。
4 把A部分的所有材料加入锅中，待其完全混合后加入食盐调味。
5 将旗鱼肉放回锅中，让汤汁包裹在鱼肉上。最后装盘摆上配菜即可。

烧烤用复合香料

从嫩滑的鸡肉到膻味浓烈的羊肉，各种肉类菜肴都可以使用这款复合香料，再加上一点食盐，就能做出一道充满香料芳香的肉类菜肴。

这款复合香料的主要成分：
罗勒（p.48）、黑胡椒（p.54）、百里香（p.46）、牛至（p.69）、香芹（p.77）、迷迭香（p47）、丁香（p.45）、月桂（p.82）、肉豆蔻（p.38）

以唇形科香草植物为主要成分的香料，不论是在家中还是在户外烹饪食材时，其都能大显身手。

烤牛肉

【材料】8串的量

烧烤用复合香料……2小勺
牛肉……200克
特级初榨橄榄油……2大勺
食盐……适量
胡椒……少许
配菜：洋葱、青辣椒

【制作方法】

1 牛肉切成大约2厘米的方块，在其表面撒上食盐和胡椒。

2 在料理盆中放入橄榄油和烧烤用复合香料，接着放入在步骤 1 中处理好的牛肉，搅拌均匀后腌制10分钟。

3 将腌制好的牛肉穿在签子上，同时将切成块的洋葱和青辣椒一起烤制10~20分钟即可。

Arrange 创意菜谱

快手菜，悠闲的早午餐。在柔滑的奶油奶酪中融入香草的芳香。

香草奶油奶酪贝果

【材料】2人份

烧烤用复合香料……1小勺
干番茄……1小勺
食盐……一小撮
粗磨胡椒……两小撮
奶油奶酪……100克
火腿……4片
贝果面包……2个

【制作方法】

1 将奶油奶酪和烧烤用复合香料放入料理盆中混合。

2 贝果面包切成两片，将两片火腿和在步骤 1 中制作的酱料夹在其中。

3 在酱料上加入干番茄、食盐、粗磨胡椒即可。

玛萨拉茶复合香料

在香浓的红茶中加入玛萨拉茶复合香料、牛奶、白糖，小火加热2~3分钟，就能在家中享用不输专业饮品店水平的热饮。

这款复合香料的主要成分：
青豆蔻（p.86）、姜（p.44）、肉桂（p.40）、丁香（p.45）

柔滑香甜的奶茶，散发着暖身的浓厚芳香。

香料奶茶

【材料】1人份

玛萨拉茶复合香料……1小勺
红茶……1个茶包
牛奶……180克
水……20毫升
白糖……1小勺

【材料】

1 锅中加水煮沸，沸腾后关火放入红茶茶包。
2 将牛奶倒入锅中加热至即将沸腾。
3 取出茶包，加入玛萨拉茶复合香料、白糖，再次开火加热少许时间即可。

Arrange 创意菜谱

吃到嘴里香爽润口，是饮品的最佳搭配。

玛萨拉茶风味的法式吐司

【材料】1人份

玛萨拉茶复合香料……1小勺
法棍面包……2片（3厘米厚）
鸡蛋……1个
牛奶……2大勺
白糖……2小勺
黄油……5克
配菜：鲜奶油、白糖、肉桂粉、薄荷

【制作方法】

1 在料理盆中加入鸡蛋打散，随后加入牛奶和白糖与鸡蛋一起打发。
2 将玛萨拉茶复合香料放入在步骤 1 中处理过的材料中。
3 把法棍面包也放入料理盆中，让料汁浸入面包，静置15分钟。
4 平底锅小火加热，放入黄油使其溶开。
5 将步骤 3 中腌制好的面包放入锅中煎烤，直至两面都变为金黄色。
6 鲜奶油加白糖打发至7分状态，将其抹在煎烤过的面包片上，再撒上肉桂粉，加入薄荷进行装饰。

热葡萄酒用复合香料

把这种复合香料与葡萄酒充分混合，再加上一勺蜂蜜，稍微煮一下，一杯传统的热红葡萄酒饮品就做好了。推荐使用淡红葡萄酒来制作。

这款复合香料的主要成分：
肉桂（p.40）、丁香（p.45）、青豆蔻（p.86）

在带有酸味的葡萄酒中加入少许辣味，香料的味道会让葡萄酒脱胎换骨。

热红葡萄酒

【材料】1瓶葡萄酒的量

热葡萄酒用复合香料……32克
红葡萄酒……1瓶（720毫升）

【制作方法】

在锅中倒入红葡萄酒和热葡萄酒用复合香料，小火加热5分钟。

※ 过滤后再倒入玻璃杯中。

Arrange 创意菜谱

让香料的芳香浸入水果中，制作出充满高级感的红酒甜品。

红酒糖水梨

【材料】2人份

热红葡萄酒……150毫升
梨……1个

【制作方法】

1 梨去皮对半切开，去掉核。

2 在锅中放入热红葡萄酒和处理过的梨，小火煮至梨上色即可。

自制原创的复合香料
【手工咖喱粉】

将22种香料打粉混合，

制作出复合香料，这就是“L’épice et Épice的咖喱套装”。

姜黄、孜然、卡宴辣椒、芫荽这4种香料是咖喱风味的基础配料。

然后再增加18种香料，就能轻松做出让咖喱的味道更加丰富的复合香料了。

读者可以根据自己的喜好，增减这个配方中不同香料的配比用量，找出自己最喜欢的搭配比例。

1月桂
2八角
3莳萝
4香豆子
5加拉姆玛萨拉
6肉豆蔻
7孜然
8姜
9橙皮
10茴香
11黑胡椒
12芫荽籽
13多香果
14肉桂粉
15百里香
16青豆蔻
17卡宴辣椒粉
18姜黄
19鼠尾草
20丁香
21大蒜
22卡宴辣椒
（这个咖喱套装的量可以制作20~24份咖喱类菜肴）

【制作方法】

1 香料放入研磨器或搅碎机中打成粉末（器具上的香料味道不易去除，最好准备一个只用来打磨香料的机器）。

2 将打成粉末状的香料放入锅中炒制。中火加热炒制30秒~1分钟，然后改小火继续炒制5分钟即可。

3 将炒制完成的香料粉装入瓶子等可密封的容器中。可以立刻就食用，但如果放在冰箱里静置2~3周，使香料有一个相互融合的过程，则可以让其味道更加醇厚（保质期大约为2年）。

用手工制作的咖喱粉烹饪菜肴

使用美味的咖喱粉可以轻松制作出具有泰国风味的创意咖喱菜肴。

椰香咖喱

【材料】2人份

鸡腿肉……150克

红椒……$\frac{1}{4}$个

水煮竹笋……$\frac{1}{4}$个

A

- 手工咖喱粉……$1\frac{1}{2}$小勺
- 椰奶……400毫升
- 食盐……两小撮
- 白胡椒粉……少许

鱼露……1大勺

色拉油……适量

配菜：香芹

【制作方法】

1 鸡肉切小块，红椒去籽切滚刀块，竹笋切片。

2 在平底锅中倒油，加热，放入鸡肉，将鸡肉炒至表面泛白。

3 将在步骤 1 中处理好的蔬菜和A部分的材料加入锅中，炖煮10分钟左右。

4 加入鱼露提味。

5 装盘后点缀上香芹即可。

将鸡肉煎至表面泛白。

红椒先纵向切成两半，随后将切开的两半再次一分为二。

去掉种子和白色的部分，然后将其切成滚刀块。

**最适合与咖喱搭配的传统焖饭，
少许黄油让饭粒“熠熠生辉”。**

姜黄饭

【材料】4人份

大米……300克

水……适量（依据大米的量而定）

A

- 姜黄粉……1/2小勺
- 孜然粉……1小勺
- 丁香……3粒
- 肉豆蔻……3颗
- 肉桂（非必备）……1根
- 黄油……10克
- 食盐……1/3小勺

【制作方法】

1 黄油常温软化。肉豆蔻轻轻捣碎。

2 大米洗净，加水放入电饭锅。

3 将A部分的材料放入电饭锅。

4 煮好饭后，将丁香、肉豆蔻、肉桂（非必备）去除，然后将米饭搅拌一下即可。

用手工制作的咖喱粉烹饪菜肴

传统咖喱风味菜肴！
虽然简单却是一道十分受欢迎的菜肴。

印度咖喱风味的炒肉末

【材料】4~5人份

A
- 猪肉馅……300克
- 手工咖喱粉……1/2大勺

手工咖喱粉……1大勺
孜然……两小撮
卡宴辣椒……2根
加拉姆玛萨拉……1小勺
洋葱……3个
胡萝卜……1/3根
蒜末……1瓣的量
姜末……1瓣的量
奶酪粉……2大勺
伍斯特酱汁……1大勺
水煮番茄……100毫升
月桂叶……1片
法式固体汤料……1个
水……700毫升
特级初榨橄榄油……适量
食盐……适量

【制作方法】

1 洋葱、胡萝卜切片。

2 在平底锅中放入橄榄油小火加热，加入蒜末和姜末翻炒。

3 煸出姜蒜香味后改中火，放入洋葱和食盐，将食材翻炒至变为焦糖色。

4 在炖锅中放入橄榄油，加入孜然炒香后，放入去掉籽的卡宴辣椒。

5 把A部分的材料全部放入炖锅中继续翻炒。

6 将在步骤2、3中处理过的材料也放入炖锅中。

7 随后加入水煮番茄、法式固体汤料和水，之后放入月桂叶。撇沫之后炖煮5分钟。

8 将手工咖喱粉、奶酪粉、伍斯特酱汁加入炖锅中，小火继续炖煮15分钟。

9 最后放入加拉姆玛拉萨调味。

10 出锅前放入食盐调味即可。

自制原创的复合香料

【香草橄榄油】

不论是用来搭配意面或比萨，还是作为凉拌菜的调味汁，这种可以让人充分品尝到香料味道的香草油，制作起来也很简单。

即使使用价格较低的橄榄油也能制作出足够美味的香草油。

辣椒橄榄油

【材料】200毫升的量

鸟眼辣椒（或鹰爪辣椒）……3~4根

特级初榨橄榄油……200毫升

普罗旺斯香草……少许

【制作方法】

将各种香料放入橄榄油中静置3~7天。

※ 请在1个月之内食用完。

用面包、佛卡恰（一种法式果仁面包）蘸辣椒橄榄油，或者用其拌焯过水的蔬菜都很美味。

葡萄醋蘸料

【材料】辣椒橄榄油……1大勺，黑葡萄醋……1小勺，食盐……少许

【制作方法】将这些材料混合即可。

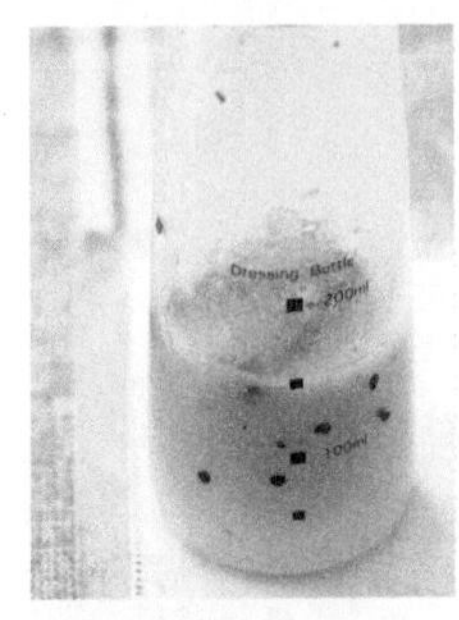

调味汁

【材料】辣椒橄榄油……100毫升，白葡萄酒醋……50毫升，食盐……1小勺，胡椒……少许，白糖……1小勺

【制作方法】将这些材料混合即可。

辣椒橄榄油的香气提升了豆腐的美味程度。

豆腐

【材料】豆腐……1块，辣椒橄榄油……1小勺，粗盐……少许，黑胡椒……少许

【制作方法】把这些材料撒在豆腐上即可。

牛油果与辣椒橄榄油搭配，有较好的抗老化效果！

牛油果

【材料】牛油果……1个，辣椒橄榄油……1小勺，粗盐……少许，黑胡椒……少许

【制作方法】把上述材料浇在切好的牛油果上即可。

富含膳食纤维的卷心菜和钙质丰富的小沙丁鱼组成了香辣健康的意面。

意式香辣面

【材料】2人份

卷心菜……$^{1}/_{4}$个
小沙丁鱼干……100克
大蒜……1瓣
意面（干面）……200克
辣椒橄榄油……3大勺
食盐……适量
胡椒粉……适量
配菜：干海苔丝、鹰爪辣椒

【制作方法】

1 将卷心菜随意切成片。

2 取一只较大的锅，加入足够的水（另备）和1小勺食盐煮沸，随后放入意面，在出锅前1分钟加入切好的卷心菜将卷心菜烫软后与意面一起捞出备用。

3 在平底锅中加入辣椒橄榄油加热，再加入压碎的大蒜，煸出香味后将煮好的意面、卷心菜倒入锅中翻炒，随后放食盐和胡椒粉调味。

4 关火后放入小沙丁鱼干，稍事搅拌后装盘，撒上干海苔丝作装饰，随后切少许鹰爪辣椒撒上即可。

巧克力与辣椒的搭配竟然也意外的好吃！
不太喜欢甜食的人也能接受。

辣椒松露巧克力

【材料】20个的量

考维曲巧克力……200克
鲜奶油……100克
辣椒橄榄油……2大勺
巧克力脆皮用巧克力……150克
可可粉……适量

【制作方法】

1 首先制作甘纳许。将巧克力切碎，放入大一些的料理盆中。取一只锅，放入鲜巧克力点火加热，在沸腾前关火，将其倒入装有巧克力的料理盆中充分混合，随后加入辣椒橄榄油，将所有材料一起打发。在一个平底容器中铺上保鲜膜，将打发好的材料倒入容器中冷藏1小时，使其凝固。

2 制作巧克力脆皮时，先将巧克力脆皮用巧克力隔水加热融化备用。将可可粉倒入浅盘中备用。

3 将在步骤 1 中制作好的巧克力酱团成适口大小的圆球，之后把在步骤 2 中制作的巧克力脆皮用糖浆包裹在圆球上面。这些巧克力球一半包上脆皮，另一半则放入装有可可粉的浅盘中，晃动盘子使可可粉裹满巧克力球。最后等待其彻底冷却凝固。

【巧克力脆皮的包裹方法】

1 将团成圆球的巧克力放入60℃以下的巧克力浆中，用勺子将巧克力球转一圈，使巧克力浆完全包裹在巧克力球上。

2 用勺子将巧克力球捞出，沥掉多余的巧克力浆后将其放在油纸上，放入冰箱冷藏待其凝固。

3.5 新鲜香草的多种用法

新鲜香草十分鲜香水润，广受欢迎。

为了让读者能够在烹饪过程中熟练使用各种香草，本节会一一讲解需要事先了解的关于新鲜香草的知识，以及能够有效发挥出新鲜香草味道的配方。

新鲜香草的使用方法

一道普通的菜肴，只要加入一点香草进去，就能一下拔高其格调。香草除了直接食用外，其在很多领域都有应用。现在就来尝试一下吧！

新鲜香草的保存方法

新鲜香草的鲜度会影响草香的香味，清洗新鲜香草会使其香味减弱，并很快失去鲜度。所以清洗的时候一定要非常小心，清洗之后要将其保存在湿润凉爽的地方。

◦清洗

在水盆等容器中放入较多清水，然后将香草轻轻压入水中柔和地清洗。如果植株比较脏，可以先浸泡几分钟，然后换几次水反复清洗。

◦沥水

将厨房纸巾铺在滤网等器具中，然后放上清洗好的香草，沥掉多余的水分。

◦储存

将厨房纸巾轻轻裹在香草外面，然后用喷壶将其喷湿。

然后放入餐盒等容器中，将其置于冰箱的蔬菜储藏格中保存。如果储存时间较长，需要每天喷1~2次水。

◦让香草回复新鲜的状态

稍微有点蔫的香草可以在水中浸泡一会儿，使其恢复新鲜状态。

◦沥水

类似薄荷这种比较纤细的香草，可以将其直接放在厨房纸巾上沥掉水分。

◦兼做厨房装饰

如果是有根或茎的香草，可以将其根部放在杯子里，加上水置于阴凉处保存。

◦摘取方法

香芹

在摘取香芹的叶子部分时，如果叶片比较大，可以将其适当撕开。

莳萝

由于莳萝的叶子部分很纤细，所以撕成几大片就行。

专栏

剩下的香草梗的使用方法

香芹、迷迭香等香草植物，在摘取其叶片后，留下的光秃秃的草梗可以作为束香料，用来捆住章鱼之类的食材。在炖煮类菜肴中可以用到。

使用新鲜香草时需要注意这几点

尝试使用新鲜的香草制作菜肴吧！可以制作的简单菜肴数不胜数，如撒在食材表面或与食材搅拌混合，这些都是灵机一动想出来的。

【清洗方式上需要注意的事项】

◦叶和茎都比较结实的香草

百里香、迷迭香、月桂、鼠尾草、意大利香芹、墨角兰、山椒等。

将香草完全浸泡在水中，以上下按压多次的方式进行清洗，到完全洗净为止可能需要多次换水。清洗完后将香草放置在滤网等器具中，以完全沥干水分。如果水分有残留，可能会导致香草腐烂。

◦叶片纤细容易损坏的香草

龙蒿、有喙欧芹、牛至、莳萝、细香葱、芫荽等。

在容器中加入足够的水，将香草放在水中静置一会。当污垢沉到水下后，将香草拎出。清洗的要点是不要晃动，通过浸泡让污垢自然沉淀。之后将香草放置在漏网上沥水，随后用干毛巾或厨房纸巾盖在上面，吸取残留的水分。

◦叶片柔而大，非常脆弱的香草

苹果薄荷等。

先使用剪刀将叶片剪下，然后将其浸泡在足够多的水中，静置数秒。然后轻轻捞起，用干毛巾或厨房纸巾盖在香草上，吸走残留的水分。

◦遇水容易受损、不适合水洗的香草

罗勒等带花的香草。

如果不在乎新鲜香草上有农药残留或污渍，那么不进行水洗直接使用是最好的（对于保留香草味道来说）。有些带花的香草，一旦遇水其香味会严重受损，也需要在未经水洗的状态下使用。有些品种的香草遇水后还会变黑，比如罗勒，这样的品种就不能水洗。这就需要在采购时选择那些本身就比较干净的产品。另外，在非直接食用的领域中，只提取香草的香味即可。像香草茶那样，将香草的味道转移到热水中，然后用滤纸过滤泡好的香草茶是较好的处理方法。

【让香草吸水的注意事项】

将香草泡入水中，一段时间后已经蔫掉的枝叶会吸收水分重新鲜亮起来。

◦叶片细小的香草

百里香、芫荽、迷迭香、柠檬草、鼠尾草、墨角兰、罗勒、牛至、意大利香芹等。

先用剪刀剪掉茎的根部，然后将茎部泡在水中，但不要让叶片沾到水。

◦茎部较粗、叶片较多的香草

月桂、莳萝、龙蒿、茴香、苹果薄荷等。

为了让香草快速吸收水分，先将茎的根部斜着剪开，然后将茎部泡在水中，但不要让叶片沾到水。

Parsley

香芹

香芹多用作装饰配菜，很少会直接食用，但香芹富含维生素、钙、镁、铁等微量元素。其营养价值在香草中是名列前茅的。

➡ 香芹黄油

【材料】

无盐黄油……150克
大蒜……3瓣
香芹叶……25克
食盐……$^1/_2$小勺
黑胡椒……少许

【制作方法】

1 仔细清洗香芹叶，然后将其包在厨房纸巾中吸掉水分。

2 黄油常温软化，大蒜剥皮去芯。

3 将所有材料放在破壁机中搅拌成绿色。

4 将香芹黄油倒入小容器或用保鲜膜包成小包冷藏。如果每包分量不大也可以冷冻。

原本只能作为装饰的香草，却能以香芹黄油的形式在各种菜肴中发挥作用。除了给炒菜或意面调味外，将其涂在法棍面包上也是非常美味的！

➡ 香芹碎

【材料】

香芹叶……适量

【制作方法】

1 将香芹叶摘下，水洗后沥干水分。选择锋利的菜刀，采用前后刺的手法将叶片切碎。如果是上下剁的手法，不仅容易让香芹的汁液弄脏菜板，还会把香芹叶剁烂。

2 将切好的香芹碎铺在厨房纸巾上，如果是冬季就放在常温下干燥，夏季则需要放入冰箱使其干燥。香芹碎可以用于给菜肴调味或作装饰。

Chervil, Dandelion, Rocket salad

有喙欧芹、蒲公英、芝麻菜

➡ 绿色沙拉

有喙欧芹细腻的香甜味遇热后会消失，所以有喙欧芹适合用来制作凉菜。
叶子边缘为锯齿状的蒲公英是欧洲品种。
芝麻菜带有苦味和芝麻香味，非常适合生吃。适合作为沙拉或比萨的配菜，富含维生素C，美容效果也非常出众。

【制作方法】

将蒲公英、芝麻菜、番茄等自己喜欢的蔬菜拌在一起，淋上调味汁，再点缀上有喙欧芹作为装饰。

想要最大限度地发挥出香草的味道，最好选择生吃！芝麻菜、蒲公英等带有独特味道的香草，其维生素C的含量都很高，能够让皮肤变得光滑水润。

佛卡恰面包搭配橄榄油食用具有较好的美容效果。有着“返老还童草”美称的迷迭香，可以让人从内到外都焕发光彩。

Rosemary

迷迭香

➡ 佛卡恰面包

【材料】

高筋粉……300克
酵母粉……5克
特级初榨橄榄油……80毫升
热水……150毫升
细盐……1小勺
迷迭香……适量
粗盐……适量

【制作方法】

1 将高筋粉筛入料理盆中，然后在面粉中央做一个坑，放入酵母粉，随后把细盐撒在与酵母粉有一定距离的地方。
2 对着酵母粉一点一点地加入热水，同时还要用木铲等工具对其进行充分搅拌。
3 加入橄榄油后停止搅拌，用手继续和面至面团表面光滑，然后在涂有橄榄油的料理盆中喷一些水，盖上保鲜膜，将其放置在温暖的地方发酵1小时（第一次发酵）。
4 待面团膨胀后为面团排气，然后再次盖上保鲜膜静置20分钟（醒面）。
5 待面团膨胀后再次为其排气，继续在面团上涂抹橄榄油并喷水，盖上保鲜膜发酵30分钟（第二次发酵）。
6 用手指在面团上戳一个洞，接着在其表面涂抹橄榄油（另备）并撒上粗盐和迷迭香。
7 烤箱预热至200℃，放入面团烤制15~20分钟取出即可。

Tarragon

龙蒿

➡ 龙蒿醋

龙蒿味道香甜，用其制作的酸口调味汁经常被用于给肉类或鱼类菜肴调味。

【材料】

新鲜龙蒿……3棵

白醋……200毫升

【制作方法】

1 将清洗并沥干水分的龙蒿放入干净的容器中，倒入白醋后密封瓶口，静置2~3周。

2 取出龙蒿后将醋储存起来。

除了用于拌沙拉，在三文鱼或肉类菜肴中放入一点龙蒿醋，不仅能为菜肴增添爽口的风味，还有助于消化。

茴香的味道以及脆爽的口感与芹菜有点类似，但其特有的香味却没有芹菜那么重，是一款让人比较容易接受的香草。除了生吃外，撒在奶酪上做奶香烤菜也非常美味。

Fennel

茴香

➡ 沙拉

茴香的叶子与莳萝相似，适合用来搭配鱼类菜肴。茴香主要有连茎部都能吃的佛罗伦萨茴香和铜绿茴香两种，在日本市场上都叫茴香。

【材料】

佛罗伦萨茴香茎……$^{1}/_{2}$根

莴苣叶……少许

小番茄……3个

【制作方法】

1 切下茴香的茎部，白色的球茎要仔细清洗，然后将其切成长条。

2 浸泡在清水中10分钟后捞出沥水，将莴苣叶、小番茄、茴香的叶子一起放在盘中，撒上自己喜欢的调味汁即可食用。

Basil

罗勒

➡ 蒜香青酱

意大利菜肴中必备的香草。

【材料】2人份

罗勒叶……50克
大蒜……2瓣
松果……50克
核桃……10克
特级初榨橄榄油……100毫升
帕尔玛奶酪……2大勺
水……少许

【制作方法】

1 为了让新鲜的罗勒叶保持住颜色，需要将其放在热水中烫一下就迅速取出，然后泡在冰水中冷却。
2 将所有材料放入破壁机中打成糊状。搅拌的时候要一点一点地加入清水（到50毫升位置）。
3 将打好的酱汁装入高温消毒过的容器中，放入冰箱保存。如果分成小份，冷冻保存也可以。

蒜香青酱是制作比萨或意面的重要酱汁。

低热量高蛋白、富含的维生素B的百里香，与贻贝搭配起来就是一道高级的法式美味！

Thyme

百里香

➡ 葡萄酒蒸贻贝

百里香最适合给肉类或贝类菜肴去腥提香。由于具有防腐、耐储存的效果，百里香还经常被用作标本或书本的防虫药剂。

【材料】2人份

贻贝……500克
大蒜……1瓣
白葡萄酒……200毫升
火葱……1大勺
胡椒盐……少许
特级初榨橄榄油……2大勺
百里香（用手撕碎）……1大勺

【制作方法】

在锅中倒入橄榄油、压碎的大蒜，中火加热，炒出香味后加入贻贝和火葱，然后浇上白葡萄酒翻炒几下，盖上锅盖焖煮5分钟。当所有贻贝全都张开，酒精也挥发掉后，放入胡椒盐和百里香调味即可。

将泡过鼠尾草的红酒加热后饮用，更能让心情"暖起来"。

Seiji

鼠尾草

➡ 鼠尾草红酒

由于鼠尾草具有防腐和提香的作用，所以火腿、香肠等加工食品中多会用到鼠尾草。

【材料】

红葡萄酒……500毫升

鼠尾草……10克

【制作方法】

往500毫升红葡萄酒中加入10克鼠尾草，浸泡1天即可。

莳萝搭配含有虾青素的三文鱼食用，非常有益健康！

Dill

莳萝

➡ 三文鱼奶香意面

莳萝多用于和鱼类菜肴搭配。

【材料】2人份

鲜三文鱼……2片

洋葱……$^{1}/_{2}$个

特级初榨橄榄油……2大勺

鲜奶油……200毫升

食盐……少许

干意大利面……200克

配菜：黑胡椒、莳萝

【制作方法】

1 去掉三文鱼的皮，将鱼肉切成适口大小的块状。洋葱切片。

2 取一个较大的锅，加入足量的水和1小勺盐（均需另备），煮沸后加入干意大利面煮软。

3 在平底锅中加入橄榄油和洋葱，翻炒一阵后加入三文鱼继续翻炒几下，随后倒入鲜奶油。沸腾后加入食盐调味。

4 盛2大勺煮意面的汤到平底锅中，然后将煮好的意面也倒入平底锅中，与之前炒制的材料搅拌均匀。

5 将拌好的意面装盘，撒上黑胡椒和莳萝即可。

Italian Parsley

意大利香芹

➡ 椰香炖鱼

意大利香芹可为意面或汤类菜肴提香，富含维生素A、B、C以及钙、铁等微量元素，同时含有大量叶绿素。

【材料】2人份

白身鱼……2片
洋葱……1个
大蒜……2瓣
彩椒（红、黄）……各1/2个
意大利香芹……适量
椰奶……1罐
特级初榨橄榄油……1大勺
胡椒盐……少许
水……100毫升
食盐……适量

【制作方法】

1 大蒜切末，洋葱、彩椒切条。
2 将鱼肉切成适口大小的块，撒上食盐静置大约10分钟。
3 用手将意大利香芹撕碎。
4 取一只深一点的锅，倒入橄榄油和蒜末翻炒。
5 炒出蒜香后加入洋葱继续翻炒，当洋葱变软后加入彩椒稍微炒几下。
6 随后加入椰奶和水，煮沸后加入鱼肉，用中小火加盖炖煮大约5分钟。
7 鱼肉熟透后加入意大利香芹，用胡椒盐调味即可。

膳食纤维和微量元素含量丰富的椰奶，加上其他蔬菜中的胡萝卜素和维生素，成就了一道有益健康的菜肴。

芫荽是脍卷（越南春卷）中必备的材料。生食蔬菜可以获得充足的维生素C，脍卷是一道十分健康的菜肴。

Coriander

芫荽

➡ 脍卷（越南春卷）

芫荽又叫香菜，是泰国、越南菜肴中必备的一味香草。不过芫荽那种强烈而独特的香味，使人们对它的态度几乎是两极分化的。

【材料】2人份

脍卷皮……2片
莴苣叶……2片
豆芽……50克
韭菜……10根
煮过的粉丝……少许
煮过的虾肉……4只
芫荽……适量

【制作方法】

1 将脍卷皮放在热水中浸泡少许时间，使其软化。
2 在泡软的脍卷皮中央放莴苣叶，然后依次码放豆芽、韭菜、粉丝、芫荽、虾肉。
3 从靠近身体的一侧开始翻卷，然后将两侧的皮向内翻卷。
4 当脍卷定型后，将其切成两半，与撕碎的芫荽一起装盘即可。